车队协同驾驶多模态混成控制

CHEDUI XIETONG JIASHI DUOMOTAI HUNCHENG KONGZHI

马育林　李　斌　张　蕊◎编著

人民交通出版社股份有限公司
China Communications Press Co.,Ltd.

内 容 提 要

本书介绍了车队协同驾驶过程中的多模态混成控制方法，主要包括车队多模态混成控制系统设计、不同维度下的车队行驶建模和控制以及多模态的混成控制与仿真，还介绍了应用上述方法所需的车辆动力学、广义系统及分散控制理论等知识。

本书可供专业技术人员学习车队协同驾驶混成控制方法使用，也可作为高等院校车辆工程、自动化、计算机等专业的参考教材。

图书在版编目(CIP)数据

车队协同驾驶多模态混成控制 / 马育林，李斌，张蕊编著. —北京：人民交通出版社股份有限公司，2017.11

ISBN 978-7-114-14241-3

Ⅰ.①车… Ⅱ.①马… ②李… ③张… Ⅲ.①车队编组 Ⅳ.①U492.2

中国版本图书馆 CIP 数据核字(2017)第 240990 号

书　　名：车队协同驾驶多模态混成控制
著 作 者：马育林　李　斌　张　蕊
责任编辑：刘　博　栾　韬
出版发行：人民交通出版社股份有限公司
地　　址：(100011)北京市朝阳区安定门外外馆斜街 3 号
网　　址：http://www.ccpress.com.cn
销售电话：(010)59757973
总 经 销：人民交通出版社股份有限公司发行部
经　　销：各地新华书店
印　　刷：中国电影出版社印刷厂
开　　本：787 × 1092　1/16
印　　张：9
字　　数：215 千
版　　次：2017 年 11 月　第 1 版
印　　次：2017 年 11 月　第 1 次印刷
书　　号：ISBN 978-7-114-14241-3
定　　价：35.00 元

车队协同驾驶是车联网技术在智能交通领域中的重要研究与应用示范。由于不同车辆的出行时间与目的地不同,将具有相同终点或相近行驶路径的若干车辆组成柔性车队,借助车队协同驾驶,可以实现道路交通的安全、便捷、舒适与经济。

车队协同驾驶本质上是离散事件系统和连续动态系统相结合的混成控制系统,包括车队协作模态的变迁和连续驾驶控制的执行。然而,目前车队控制系统对离散和连续协作模态的定义尚不明晰,缺乏对其迁移过程的描述和建模手段。特别是如何发挥车车通信与车路通信的优势,构建一个分层的、分布式的车队多模态混成系统,实现车间模态变迁建模及其迁移过程中的切换控制方法,从而满足车队协同驾驶策略的多样性和差异化,是亟待解决的问题。

本书在现有单车自动驾驶控制研究的基础上,提出基于协作策略设计、混成自动机控制、多模态变迁仿真等的车队协同驾驶多模态混成控制系统。本书适用于对自动驾驶汽车感兴趣的各类人员,也可作为高等院校车辆工程、自动化、计算机等专业的参考教材,同时还可为广大从事汽车行业的工程技术人员提供参考。

由于作者水平有限,加之时间仓促,书中难免存在不足之处,敬请广大读者批评指正。

作　者

2017 年 9 月

目录

第一章　绪　　论

第一节　研究背景与意义

车队协同驾驶，旨在兼容道路交通安全与效率的条件下，充分利用道路资源，将若干单车组成跨车道柔性车队，使其不仅具有单车道车队速度快、间距小等特点，还能充分利用道路资源，通过车队之间的协调与合作，一方面，简化交通控制与管理的复杂程度，有效地减缓交通拥堵，另一方面，减少由人为因素所致的交通事故，增强交通安全，并在此基础上节约能源，减少环境污染。

车队协同驾驶研究主要集中在车队体系结构设计和单车智能驾驶技术。得益于信息感知及车辆控制技术的日益完善，单车的智能化研究已经取得了卓有成效的进展，并进行了局部应用。虽然车路通信技术较为成熟，已应用于交通诱导和不停车收费等先进交通管理系统，但是由于车辆高速移动性与驾驶多样性，支持车队协同驾驶的车车通信技术还处在试验阶段，并且真实道路交通环境难以为实车协同驾驶研究提供安全可靠的试验道路和场景。尽管如此，车车(V2V)/车路(V2I)通信，即V2X信息交互，仍然凭借如下优势成为实现车队协同驾驶的关键技术手段。首先，V2X给予车辆一个依靠自身传感所无法触及的广阔“视野”。利用V2X，车辆可在一个较远的距离获取交通环境信息，而不会受到自身传感器“视线”的局限。其次，信息可以在车与车或车与路之间传输，这极大地提高了信息获取的精度和质量。车辆的历史轨迹、运动状态和预测路径等数据均可借此共享给其他车辆，无须进行重复测量和计算。最后，V2X使得车辆可实施更高级的安全协作策略，如车队协同驾驶，相对于仅依靠车载传感实施的主动安全策略，协作策略可以显著提高车辆安全驾驶性能。

因此，在单车智能驾驶基础上，借助V2X信息交互手段开展车队协同驾驶研究，对开发智能车路系统、缓解交通拥堵、增强交通安全具有重要意义。

第二节　国内外研究现状

车路协同技术是利用无线通信、传感探测等技术获取车、路信息，通过车车、车路信息交互和共享，实现车辆与车辆、车辆与基础设施之间的智能协调与配合，达到优化利用系统资源、提高道路交通安全、缓解交通拥堵的目标。具有代表性的车路协同计划有：美国车辆和道路设施系统协调计划“IntelliDrive”，日本“Smart Way”计划，欧盟车路协同计划CVIS (Co-operative Vehicle-Infrastructure Systems)、SAFESPOT (Smart Vehicles on Smart Roads)、COOPERS (CO-Operative Systems for Intelligent Road Safety)。从以上相关计划可以看出，实现车路协同技术效用，关键在于开展智能车路系统中车队协同驾驶研究，其研究领域主要涉及车队协同驾驶系统架构、车车通信技术、车队协同驾驶策略及交通仿真与实验技术等方面。

一、车队协同驾驶系统架构

国际上车队协同驾驶系统架构主要集中在体系结构设计和混成动态系统研究两个方面。在智能车路系统体系结构方面,美国加州大学伯克利分校 PATH 项目 Horowitz 和 Varaiya 提出分层的智能车路系统体系结构,如图 1-1 所示,具体包括网络层(network layer)、链接层(link layer)、协调层(coordination layer)、控制层(regulation layer)和物理层(physical layer)5 部分[1]。物理层包括车载控制器及车辆的物理结构(发动机,制动系统,转向控制系统,车载传感器等),依靠车辆动力学特性,实现车辆的横向及纵向控制。控制层执行相应的操纵策略,指导车辆的横向及纵向控制。协调层根据车辆的位置、数目、即时活动等信息,选定相应的操纵策略,并与不同的协调层和链接层进行通信,即时更新上述信息,并改变相应的操纵策略。链接层将路网划分为不同路段,根据不同路段上的车流密度、车辆起始位置、行驶长度等决定是否需要相关的车辆操纵策略,如巡航、跟随、组合与拆分、车道保持与变换等,通过无线通信网络,将决策的结果发送到协调层。网络层对整个路网进行管理与规划,增加路网容量,减少车辆平均出行时间,从而缓解交通拥堵。

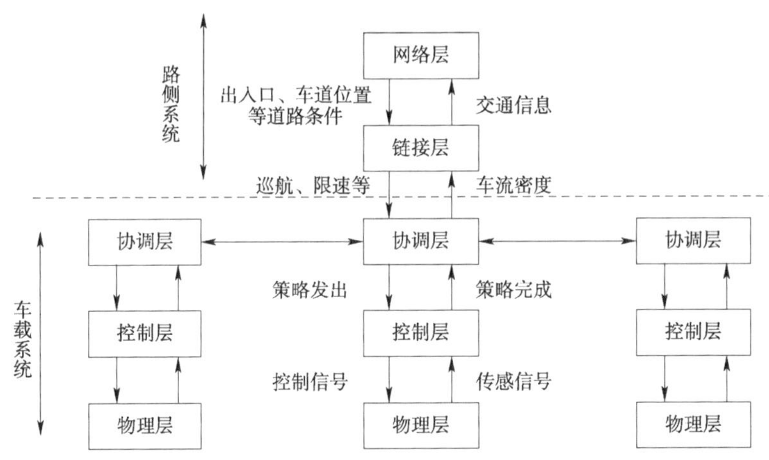

图 1-1　智能车路系统体系结构

在智能车路系统分层结果和任务分解中,不难发现与车队协同驾驶紧密相关的是协调层和控制层[2,3]。这样通过简化系统体系结构,构建适用于车辆/车队协同驾驶的体系结构就显得至关重要[4]。日本 Tsugawa 等人提出了车辆协同驾驶体系结构,如图 1-2 所示。该系统结构在分析了车辆协同驾驶功能需求和任务分解的基础上,设计了包括交通控制层、车辆管理层和车辆控制层的 3 层体系结构[5]。交通控制层位于路侧,其中,搭建的路侧设备如可变情报板、标示牌、通信设备等,用于支持车辆的协同驾驶;制定的基本准则如规则、规定、行为方式等,用于指导车辆的协同驾驶。车辆管理层和控制层位于车载端,用于协同驾驶策略的决策与执行。加拿大的 Hallé 等人在吸取和借鉴 Tsugawa 成果的基础上,提出了车队协同驾驶体系结构,如图 1-3 所示。主要对管理层和控制层进行具体的模块化设计,并针对车队协同驾驶过程中数据采集与处理、车队协同控制,车队通信、策略决策等做了详细说明[6]。

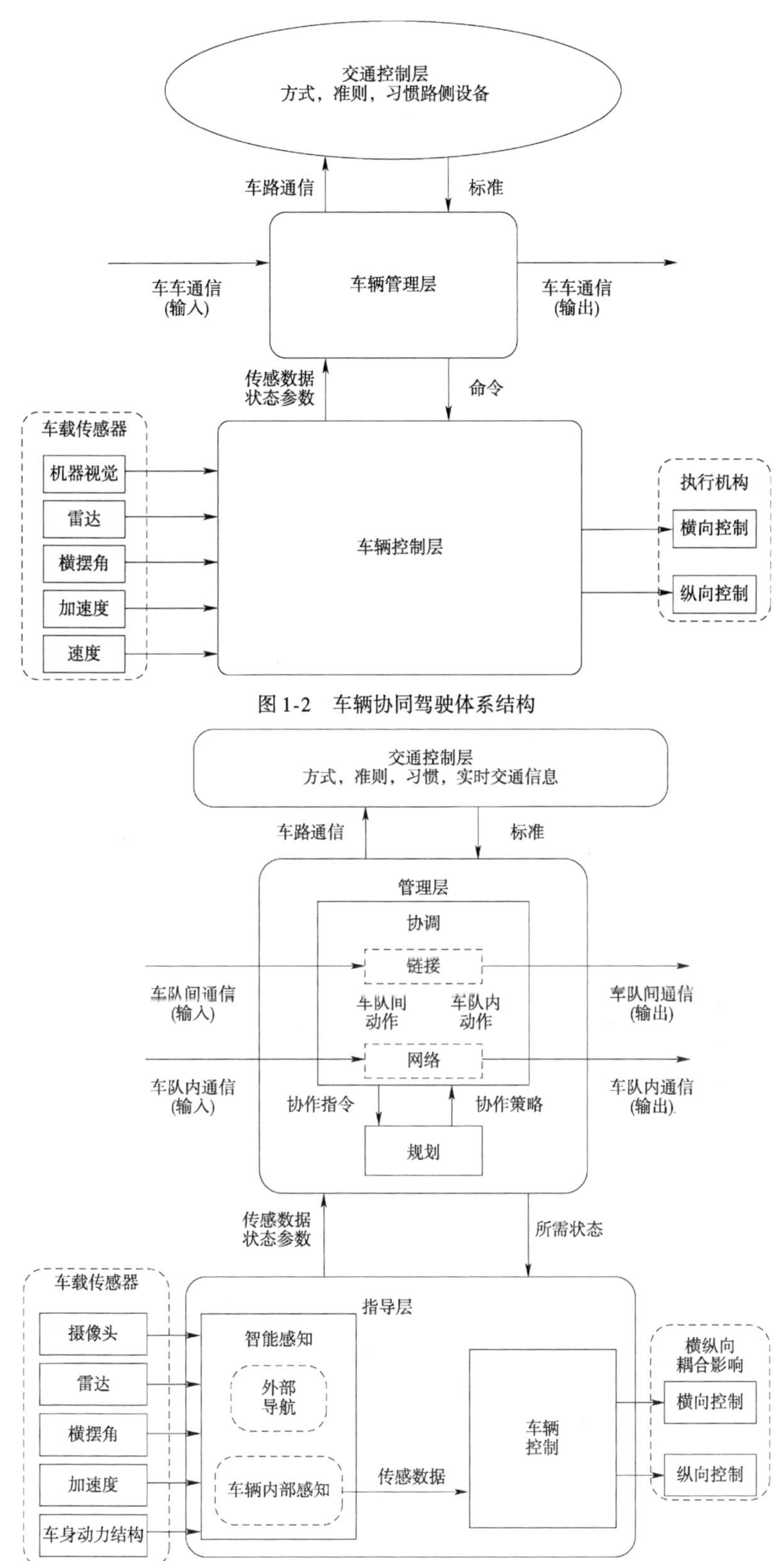

图 1-2 车辆协同驾驶体系结构

图 1-3 车队协同驾驶体系结构

在混成动态系统方面,由于上述系统是一个分层、分级的复杂系统,不仅包括连续的车辆动力学行为,而且还要考虑离散的瞬时事件响应[7]。PATH 课题组的 Horowitz 和 Varaiya 提出,智能车路系统体系结构具有混成逻辑性。系统中离散逻辑部分主要处理车车、车路之间的通信;连续逻辑部分利用通信的手段接收所需的安全速度与车距,执行车辆行驶策略。Lygeros 等人利用车车信息交互手段改进车载混成控制系统性能,采用博弈论和最优控制得到安全的约束条件,抑制离散扰动(碰撞)和连续扰动(加速度变化)[8]。Alvarez 等人将智能车路系统的协调层定义为不同车辆利用通信和协作确定相关策略,控制层用于执行协调层传送过来的决策结果。协调层采用有限状态机进行建模,而控制层采用状态反馈定律建立线性模型,从而构成混成动态系统[9]。Rajamani 等人通过分析车辆纵向和横向控制系统,将车载控制系统设计为混成动态系统[10]。每一个车辆都有一个监督模型,用于车辆的决策与控制。对于系统的离散状态,可以通过选用合适的差分方程进行求解。

早期的混成控制方法主要集中在连续时间系统的混成控制器设计,由于缺乏专门的计算机分析与仿真软件,并没有引起重视。随着基于模型设计方法和多体系统动力学的仿真软件的成熟,混成控制在离散事件系统中也逐渐得到发展。Seong 和 Jae 设计了车辆协同驾驶系统混成控制器,用于车辆组合与拆分策略[11]。在车辆组合与拆分过程中确定安全的组合/拆分距离,通过离散事件监督控制器对其控制。Girault 针对从匝道入口驶入主干道车辆引发的碰撞问题,设计了车辆混成控制器[12]。该控制器由混成自动机和导入其中的连续控制模型构成,混成自动机决定车辆何时驶入、驶出公路,何时组合及拆分车队等;连续控制定律决定车辆行驶加速度的大小,避免与相邻车辆产生碰撞。Girard 等人考虑车辆控制系统的非线性特性,在设计车载混成控制器时,提出了嵌入式混成控制软件结构[13]。该软件采用基于模型的设计方法,利用混成自动机描述车辆模型及模式切换,如巡航控制(CC)、自适应巡航控制(ACC)、协同式自适应巡航控制(CACC)三者的切换过程,采用 TEJA 语言对模型进行仿真与测试。CACC 系统通过在控制循环中加入一个前馈信号的方式来对 ACC 系统进行升级,这样可以提供更多的信息。例如,可以通过 V2V 通信的方式获取前车的加速度信息,从而获取更好的系统响应(如可以达成更小的车间距与更平滑的控制)。所有车队中的 CACC 车辆都有一个共同的目标,就是跟随前车并保持一个确定的距离,而一个可接受的/舒适的车间距决策取决于响应的间距保持策略。

二、车车通信技术

智能车路系统中的通信网络包括广域有线通信网络、无线通信网络、短程无线通信网络和车车通信网络。随着信息、传感、通信、网络等技术的发展,车车通信技术使得车辆行驶过程从过去的独立行驶,经历了单向与双向、对称与非对称的信息传输,发展到以车载自组网为导向的全方位通信网络[14-16],如图 1-4 所示。尽管车路通信技术日趋成熟,已成功应用于交通诱导、不停车收费、信号灯控制等先进交通管理系统,但是车车通信技术仍处于试验阶段。车车通信一般采用 DSRC、WiFi、WiMax、Zigbee 等无线接入方式以及激光、红外、超声波传输方式。作为车载自组网的核心部分,DSRC 具有大容量、高速率、低延时、范围合理等特点,因此,车车通信主要采用 DSRC 网络[16-18]。然而,DSRC 适用于短程无线通信,并需考虑车辆安全和协作等相关规定,一旦信息接收方超出了有效的 DSRC 传送范围,DSRC 网络需要中转的广播信息，就要开发有效、可靠的通信协议，并需考虑信道使用和阻塞以及安全性机制等问题。

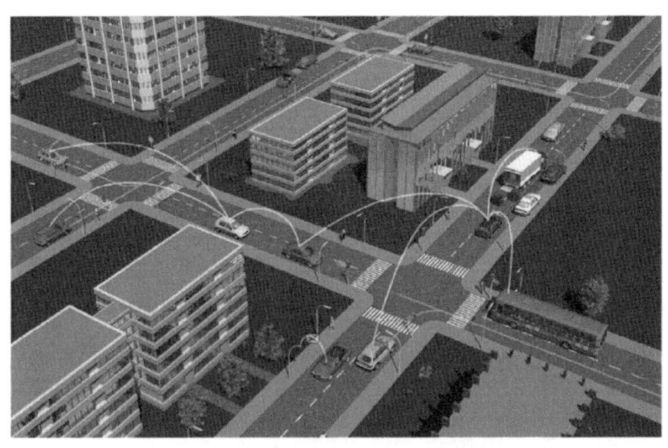

图 1-4 全方位车载自组网信息结构

在通信协议设计方面，Tsugawa 在分析车车通信功能需求的基础上，提出了载波侦听多址访问（CSMA）协议[19]。虽然载波侦听机制在介质访问控制（MAC）上存在冲突，但是可以满足车载自组网及数据传送实时性等要求。Tsugawa 又对载波侦听多址访问不同种类的优缺点进行了比较。Tatchikou 等人设计了用于车辆防碰撞的车车通信协议[20]。该协议首次提出采用广播包转发机制代替传统的单播路由协议，用于 DSRC 网络中的车车通信数据传送，同时引入握手机制，减少广播通信量增强包数据传送率，并利用开发的车车通信网络模拟器 InventSim，验证了车车通信协议的准确性和实时性。此外，车车通信大多发生在高速公路行驶车队中临近车辆的允许通信范围内，匝道车辆想要进入该车队中，也需要采用多跳通信机制。Wolterink 等人设计了基于地域性群播（Geocast）的第一版车车通信协议[21]。该协议采用多跳通信机制，允许匝道车辆提前与车队通信，这样车队就可以送出尽快实现组合要求的安全车间距离及速度信息。

在信道阻塞方面，由于车队协同驾驶功能需要通过车载自组网获得周边车辆的行驶状态信息，虽然可以通过协作改善区域交通可控性，增加区域交通流密度，但是也不可避免地产生了共享信道拥塞问题。Fujimura 和 Hasegawa 结合车车通信和车路通信的优缺点，提出了基于车路协同的介质访问控制协议（Vehicle to Vehicle and Road to Vehicle Collaborative MAC Protocol），通过自适应信道分配的方法实现 VRCP 无缝通信[22]。Yang 等人设计了用于车辆危险预警的车车通信协议[23]。该协议包括信道拥塞（Channel Congestion）策略，服务多元化机制及紧急预警发布方法等，可降低不同路况上紧急预警消息发送的延时性。Huang 等人针对信道拥塞问题，提出了结合通信速率和功率的传输控制协议。该协议可以根据车载网络和车辆安全跟踪的动态变化，调整车载自组网的通信速率和功率，利用闭环控制环节解决网络中信道的不稳定性[24]。主要功能是：通信速率控制决定目标车辆广播发送行驶状态信息的频率，功率控制决定目标车辆行驶状态信息广播发送距离，并以此决定 802.11p 无线电的功率级别。由于 MAC 阻塞机制本身不能控制通信量和发射功率，从而不能从根本上阻止 DSRC 网络拥塞，He 等人采用跨层设计方法，在 MAC 层检测网络拥塞，在应用层控制通信量速率[25]。主要流程是：MAC 层通过测量信道占用时间来检测信道拥塞状态并发送拥塞信号;应用层通过获得信道的拥塞状态,对通信量速率进行自适应控制。

由于目前车车通信技术中的多跳广播协议及信道拥塞控制正在制订与测试,建立用于车车通信测试的原型机或仿真平台就显得至关重要。Grau 等人分析了信道使用对车载通信设备或装置的覆盖率、可靠性和实时性的影响,设计了一款基于车路协同系统平台的 802.11p 样机(CVIS OBU)[26]。该样机可以通过实测的方法获得不同车车通信场景中的 RSSI(接收的信号强度指示)和丢包率,从而评价车车通信信道及模型的准确性。Fernandes 等人扩展了 SUMO(Simulation for Urban Mobility)模拟器的功能,建立了具备车车通信功能的车队跟随模型[27]。车车通信协议采用车队中的领航车来协调 DSRC 网络信道中时间槽(Time Slots)的分配,避免了数据包的冲突。

三、车队协同驾驶策略

目前智能车路系统中关于车队协同驾驶策略主要包括巡航、跟随、组合、拆分和换道策略。巡航策略是指领航车辆可以借助车路信息交互,获得车队所在路段上合适的车速、车间距、车道位置等信息,确保该路段上的车辆畅行无阻。跟随策略是指车辆可以利用车载传感器和车车通信网络获得前后相邻车辆,以及领航车辆的车速、加速度、位移等状态信息,从而组成一列或多列车队,可以增加车流量。跟随策略包括车队的纵向控制和横向控制,纵向控制包括对车辆加速和制动的控制,使其与前后车保持较小的车间距;横向控制主要对车辆转向盘进行控制,使其不能偏离所在车道。组合策略是指车辆能够融入前方某一车队中,该策略利用车队间的无线通信网络,获得前方车队传送过来的车道、位置、距离和速度等信息,制定相应的组合路径,等待前方车队为其留出相应的位置,实现车队的组合。拆分策略是指整个车队能够拆分为两个或两个以上新的车队,该策略通过车队内的无线通信网络,确定车队划分的位置与长度,减小划分位置上车辆的速度,从而改变其与前车保持的车间距,达到可以完成拆分要求的安全车间距。换道策略是指欲组合或拆分的车辆获得安全的车间距离后,采用换道策略变换车道,融入或离开车队,从而变更车辆行驶路线。

考虑到智能车路系统的复杂性,如限速(Speed limit)、排队(Queuing)、匝道入口及出口(On/Off ramp)、紧急制动(Emergency Braking)等因素,不同车辆采用协同驾驶策略,依据起点、行驶路线、目的地,组建各自所需的车队,从而简化智能车路系统的复杂程度,增加系统的可组织性,从而增加交通流量,如图 1-5 所示。Alvarez 等人针对高速公路交通流特性,考虑多车道、车辆类型及不同目的地对车流密度的影响,提出以车速和车道位置为输入的 Link 层控制器[28]。组建的车队根据 Link 层控制器传送过来的指令信息,采用协作策略,改变车队的速度或者变换车队所在车道的位置,从而使车流密度达到预先设定的要求。Dao 等人提出了通过组建车队的方法,开发车道分配及车队控制等相关技术,支持车队在多车道、具有多个入口及出口匝道的城市高速公路上协同驾驶[29]。通过为车队分配适合的车道,不仅可以减少该车队的行程时间,而且减少了其他车队,甚至是整个交通流的行程时间。

由于车队协同驾驶离不开车车通信技术,通信协议设计、通信延迟、数据传输速率等都是协同驾驶策略需要考虑的问题。Xavier 等人针对此约束条件,提出了基于分散 PID 控制的实用车队协同驾驶策略[30]。该策略仅需要通过车车通信获得较少的信息量,如前后车辆的相对位置及跟随车辆的转角,设计了车辆跟随及超车两个协同驾驶场景,最后采用 MAT-

LAB 的虚拟现实工具箱开展 3 辆车不同场景下的三维动态可视化仿真，验证了设计的控制器的有效性。Khaisongkram 等人提出了具有不对称信息结构的车辆协同驾驶系统[31]，该系统使用车队中靠近本车的前后车辆的车间距，采用具有广义频率变量的线性时不变系统证明车辆协同驾驶系统的性能与稳定性，设计了双车道七辆车组合的协同驾驶场景，通过车队组合策略仿真验证了方法的有效性。

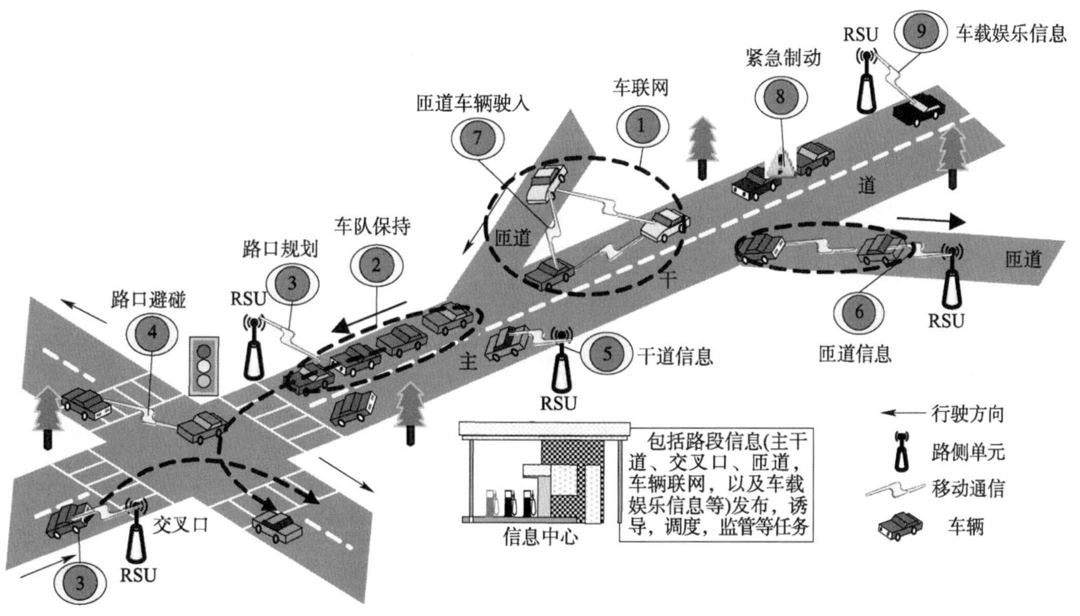

图 1-5 车队协同驾驶策略

从上述车队协同驾驶策略可以看出，车队协同驾驶系统的稳定性不仅表现在单个车辆稳定性和车队稳定性，还表现在交通流稳定性及整个交通容量，此外还要考虑传感器、车车通信等引起的信息延时对系统稳定性的影响。单个车辆稳定性是指车队中的任意车辆都能按照有界的车间距和速度误差，跟踪前一辆车的速度和加速度。车队稳定性是指车间距和车速误差不会随着车队长度的增加而放大并繁衍到整个车队中。交通流稳定性是指影响某个区域车流密度的扰动，即该区域的匝道入口或出口，不会随着放大而减少该区域的稳态车流密度和平均车速。只有同时保证车队稳定性和交通流稳定性，才能提高交通容量。

四、交通仿真与实验技术

由于车队协同驾驶系统是一个广义的、分层的混成动态系统，其相关理论与技术仍处在不断发展和完善中，利用各种交通仿真与实验技术开展系统测试是非常必要的。半实物仿真(Hardware in the Loop)是目前常用的车队协同驾驶仿真手段，开发过程如图 1-6 所示。荷兰应用科学研究机构 TNO 构建了智能车辆和交通模拟实验系统 VEHIL(Vehicle Hardware in the Loop)，用于测试智能车辆的自适应巡航控制、起停控制、车车和车路通信、车队协同驾驶、超车及障碍物检测等功能[32-34]。除此之外，还有德国柏林交通系统研究所的 SUMO 仿真平台，美国拉斯阿莫斯国家实验室的 TRANSIMS 交通仿真平台以及麻省理工 MITSIM 实验室的 TMS 交通仿真平台。在试验方面,美国加州大学伯克利分校 PATH 从 1997 年 8 月到 2004 年 1 月分别对乘用轿车、公共汽车、商用载货汽车和特种车辆进行了 11 次自动化公路行驶的演示试验。演示试验采用磁道钉、车车通信、雷达、GPS 导航等技术,实现车辆编队行驶、车队拆分和车道变换等一系列功能测试,并结合安全交通和实际交通目标评价车队控制系统对横向车道位置与纵向车辆间距的稳定性[35]。日本 AIST 主导的 Smart Cruise 21 Demo 2000 主要对执行车辆协作策略的车车通信的实时性、速率、丢包率等进行测试与评价[36]。而 2009 年由欧盟赞助、英国 Ricardo 主导的 SARTRE 演示试验,更是综合了以上两次试验的测试方法,对车道保持、车队跟随和车车通信(V2V)等多项技术分别做了测试与评价[37]。

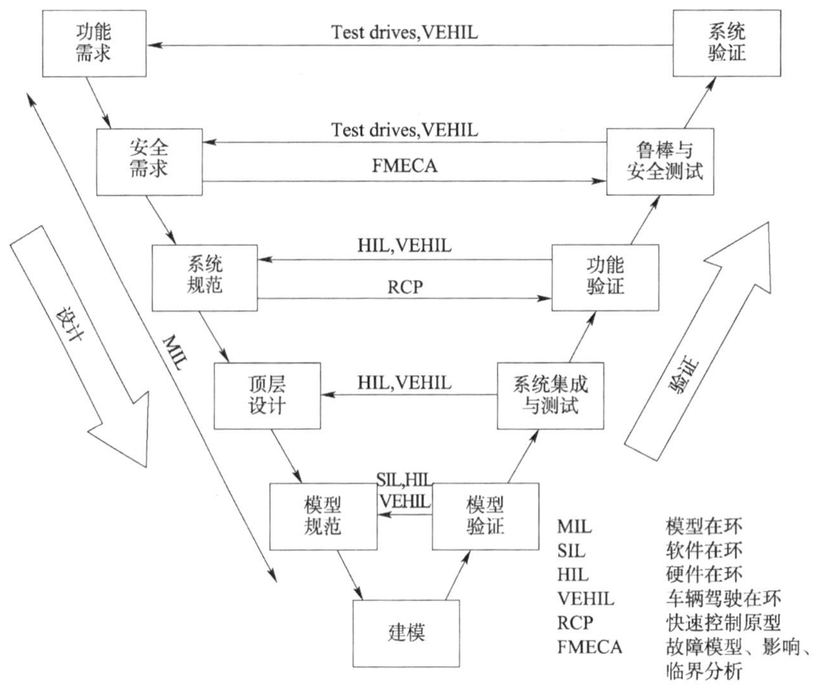

图 1-6　半实物仿真“V”形流程图

我国自 2006 年起,由飞思卡尔半导体公司(现更名恩智浦半导体)和教育部高等学校自动化专业教学指导分委员会举办全国大学生智能汽车竞赛,利用半实物仿真技术和飞思卡尔汽车级控制芯片,实现自主驾驶车辆缩微版本的模拟。2009 年起,由国家自然科学基金委提出的“视听觉信息的认知计算”重大研究计划及“中国智能车未来挑战赛”,旨在对车辆自动驾驶过程中的多传感器信息融合、三维地图生成及局部路径规划等关键技术进行攻关,研制具有自然环境感知与智能行为决策能力的智能驾驶车辆验证平台,在遵守交通法规的前提下,着重考核自动驾驶车辆在城市道路、高速公路和乡村道路三种道路工况下的安全性(safety)、舒适性(smoothness)、敏捷性(sharpness)和智能性(smartness)等智能水平,具体测试内容见表 1-1。自 2014 年起,我军某部也开始举办跨越险阻地面无人平台挑战赛,重点考察无人平台软件技术对复杂环境的感知、决策能力和越野性能,以及国产机动平台、传感器等性能和稳定性,具体测试任务见表 1-2。

中国智能车未来挑战赛测试内容　表 1-1

年份	测　试　内　容
2009	规定动作测试:起动、转弯、停止线停车等基本能力。挑战性测试任务:城市道路环境下静止障碍避让、路口通行、自主泊车等综合性能
2010	测试 1:交通标志识别能力;测试 2-1:曲线行驶,测试 2-2:标志泊车,测试 2-3:障碍泊车;测试 3:车道保持、路口通行、U 形掉头、变更车道、停止线停车等综合测试
2011	在 2010 年测试内容基础上增加多种交通信号灯识别、多处静止障碍及交叉口等交通场景
2012	在 2011 年测试内容基础上增加虚拟人、静止车辆和行驶车辆避让、施工道路、有雾路段、有/无信号灯的交叉口等城区环境和乡村道路
2013	在 2012 年测试内容基础上增加学校门前慢行和行人停车让行、施工绕行及合流区等城区环境和林荫道、拱桥等城郊环境
2014	在 2013 年测试内容基础上增加换道超车及高架桥、匝道、辅路等城区环境
2015	在 2014 年测试内容基础上重点考察假人避让、动态车辆干扰、隧道及越野环境通行
2016	在 2015 年测试内容基础上重点考察模拟高速公路通过收费站、高速避让故障车及城区道路人行道假人避让、施工路段借道同行及积水路面通行

跨越险阻地面无人平台挑战赛测试任务　表 1-2

分　类	任　务　说　明
野外战场侦察	砂石路、河滩路、涉水路、泥泞路、爬坡等越野环境机动性能;烟、火、尘等天气行驶;战场障碍物识别与避让;被阻断道路的动态路径规划;桥梁与隧道通行;待侦察区域目标搜索与信息采集等
城市巷战侦察组	铺面路或非铺面路等战场机动性能;动态路径规划;战场障碍物识别与避让;战场目标搜索与定位;情报信息传递
仿生 非仿生类	平地和不同坡度行进的能力及运输货物到达指定地点

第三节　现有研究存在的主要问题分析

纵观车队协同驾驶相关研究领域的研究现状,可见先进车辆控制技术经过多年研究取得较大进展,且部分成果已经实用化,为车队控制奠定坚实的基础。目前车队协同驾驶方面尚存在许多问题需要研究，体现在如下几方面。

(1)车队协同驾驶系统是一个多移动机器人系统，多机器人系统体系结构是多机器人协作与控制的基础。随着车路协同技术不断发展，车车/车路信息支持下的车队协同驾驶体系结构研究需要进一步开展。

(2)智能车路系统中的车队协同驾驶过程与普通道路系统中以人为主的车队在形成机理上有很大的不同，对该过程建模是进行车队协同控制的关键。同时，车队协同驾驶过程中存在许多随机和不确定性因素，以及车路信息交互过程存在通信延时、冲突等因素，这些因素对车队协同驾驶稳定性的影响尚需分析。

(3)车队协同驾驶系统是一个复杂分层的混成动态系统，既需要解决系统对离散的瞬时事件的响应，又需要解决系统对微分与差分方程表示的随时间变化的动力学行为的响应，以及由车队体系结构所决定的控制方式与具体控制器设计。

(4)由于车辆高速移动性和驾驶多样性，真实环境难以为实车协同驾驶研究提供试验道路和场景。美国著名智库兰德公司日前发布的一份名为《驶向安全》的最新研究报告指出，仅靠道路测试不能提供足够的证据来证明自动驾驶汽车的安全性，自动驾驶技术研发者和第三方测试机构需要开发替代方法来补充道路测试。

第二章　研究理论基础

智能车路系统中车队协同驾驶系统是一个广义的、分层的分散控制系统，随着车路协同相关技术的不断发展和成熟，其相关理论也处于不断发展和完善中，主要涉及车辆系统动力学及相关仿真软件、广义分散控制系统及适用于该系统理论的相关控制方法。本章为全书的研究理论基础。

第一节　车辆系统动力学

车辆动力学是研究所有与车辆系统运动有关的学科，涉及范围很广，除了影响车辆纵向运动及其子系统的动力学响应（如发动机、传动、加速、制动、防抱死和牵引力控制系统等方面的因素）外，还有车辆在垂向和横向两个方面的动力学内容，即行驶动力学和操纵动力学[38,39]。行驶动力学主要研究由路面的不平激励，通过悬架和轮胎垂向力引起的车身跳动和俯仰以及车轮的运动。操纵动力学研究车辆的操纵特性，主要与轮胎侧向力有关，并由此引起车辆侧滑、横摆和侧倾运动。

长期以来，人们一直在很大程度上习惯按纵向、垂向和横向分别独立研究车辆动力学问题，而实际中的车辆同时会受到三个方向的输入，各方向所表现的运动响应特性必然是互相作用、互相耦合的，如图2-1所示。例如转向过程中，路面在给车辆提供侧向力的同时，也通过悬架给车辆提供垂直输入干扰。悬架的作用除了支撑车辆、隔离路面干扰外，还将控制转向时的车身姿态，并传递来自轮胎的力。反过来看，同样的车身运动既可由行驶输入引起，如路面不平引起的车身侧倾，也可由操纵方面引起，如转向时引起的车身侧倾。

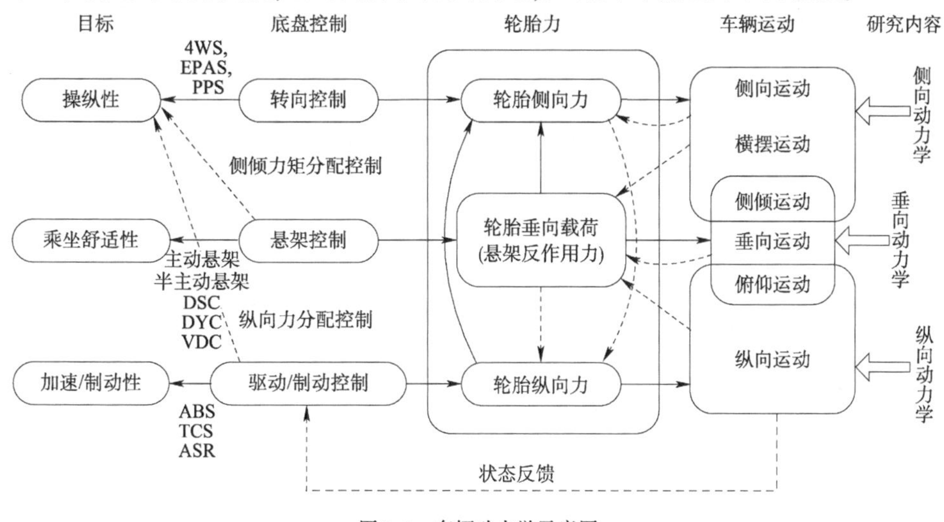

图2-1　车辆动力学示意图

事实上，分开处理的主要理由是为了减少模型的自由度，从而减少分析工作量，易于处理。当然，如果对车辆的工作状况及条件进行适当限制，那么三个方向的耦合关系则可能不太显著。例如当车辆在水平粗糙路面匀速直线行驶时，问题将集中在行驶动力学特性方面；当车辆在水平路面匀速转弯行驶时，那些主导操纵性能的力和运动对纵向和垂向特性则无显著影响。

随着功能强大的计算机技术和动力学分析软件的发展，研究者已经有能力将三个方向的动力学问题结合起来进行研究，对车辆动力学问题的分析也可能扩展到更为复杂的工况及非线性域。

一、纵向动力学

纵向动力学研究车辆直线运动及其控制问题，主要是车辆沿前进方向的受力与其运动的关系。按车辆工况的不同，可分为驱动动力学和制动动力学两大部分。

驱动动力学研究中，首先要了解车辆的行驶阻力，由此才可以决定车辆驱动轮上所需的力矩和功率，以及能量消耗。行驶阻力代表车辆对动力和功率的需求，而车辆的动力与传动系统则为车辆供应了动力及功率，需求与供应之间的平衡关系还与路面附着系数有关，直接影响车辆的驱动性能。

制动动力学研究中，首先要了解车辆制动性能的评价指标，在此基础上研究直线分析及前后轮制动力的分配关系，并分析车辆的制动稳定性，当然也包括转向制动力。

二、行驶动力学

车辆行驶动力学的研究工作主要是在有限的悬架工作空间内，设计人员必须为驾驶员和乘客提供良好的乘坐舒适性、良好的车身姿态，以及对车轮动载荷的合理控制。行驶动力学研究中的首要问题是建立考虑悬架特性在内的车辆动力学模型，而分析这些动力学问题的最简单的数学模型应该是具 7 自由度的整车系统模型。随着功能愈来愈强大的多体动力学仿真软件的普及应用，包括衬套等复杂细节在内的车辆模型也可以方便地得到。

实际上可将行驶动力学问题分为两类。一类是可以通过数学建模来分析的行驶动力学问题，有人将它称为“主要行驶舒适性问题”。然而，主要行驶舒适性研究还无法将所有的行驶振动特征完整而真实地描述出来，实际中还有大量其他因素影响着乘员对乘坐舒适性的主观评价，包括对约 15Hz 以上的高频振动的响应、更高频率范围内的振动噪声问题、悬架系统中橡胶衬套的影响、对路面的阶跃凸起及凹坑等路障的纵向冲击的响应以及人体对振动的响应等。目前，几乎还没有办法用数学解析模型来准确地预测这些影响，这类问题通常可以归结为“次级行驶舒适性问题”。对次级行驶舒适性问题，通常需要人的主观设计，例如路面凹坑离散输入对悬架系统振动噪声响应的评价，一般会涉及三个方面的问题，包括轮胎在路面输入处变形时的动态响应、纵向和垂向的悬架非线性动力学性能以及驾驶员的响应特性。

三、操纵动力学

在车辆动力学研究中，由于轮胎的重要性，操纵动力学建模必须与轮胎模型精度相吻合，否则建立的操纵模型将失去意义。分析车辆操纵特性可以从最基本的 2 自由度车辆模型入手，该模型中，车辆向前的速度被假定为恒定的，而两个变量分别是车辆的侧向速度和横摆速度。虽然基本模型看似简单，但它为操纵性能分析提供了十分重要的基础。在线性范围内，2 自由度模型的预估精度可能会达到 70% 以上。

经过对基本模型的动力学分析，得到了一个关于车辆操纵特性的最基本概念，即车辆的“不足或过度转向”特性。分析结果表明，不足转向与过度转向的区别取决于一个重要物理量——车辆的“稳定裕度”，定义为 $bC_{ar}-aC_{af}$。其中，a 和 b 分别为前轴和后轴至车辆质心的距离，C_{af}和 C_{ar}分别代表前、后轮胎的侧偏刚度。如果稳定裕度为正值，车辆表现为不足转向；否则，为过度转向。可以看出，稳定裕度中的第一项 bC_{ar}代表“后轮产生力的能力”（更严格地讲，指后轮产生的力绕车辆质心的力矩）；而第二项 aC_{af}则表达了“前轮产生力的能力”。因此，设计者可以利用前后轮胎力（或力矩）的平衡关系，扩展稳定裕度这一概念，并以此来理解以下因素的影响：

（1）与负载情况有关的车辆质心位置；

（2）与轮胎的结构、尺寸和胎压有关的轮胎侧偏刚度；

（3）前后轮胎外倾角；

（4）前后轴载荷转移；

（5）侧倾转向效应；

（6）变形转向效应。

以上参数均可用来调节车辆的不足（或过度）转向程度，而且各因素对不足（或过度）转向在线性域内的作用均可以通过对 2 自由度线性模型的扩展定量给出。由此看出，任何模型的合理性并不是简单地与其复杂程度成正比，这种基于基本操纵模型的分析方法虽然简单，但它却可以为研究更复杂的模型提供一个必要的基础。

通常，操纵动力学的研究范围分为三个区域：

（1）线性域：侧向加速度小于 $0.4g$ 时，通常意味着车辆在高附着路面做小转向运动。

（2）非线性域：在超过线性域且小于极限侧向加速度（约为 $0.8g$）范围内。

（3）非线性联合工况：通常指车辆在转弯制动或转弯加速时的情况。

对模型不太复杂的线性域情况，一般通过人工计算也可以有效地建模和求解。但考虑到实际设计中的可用性，模型中至少应包括车身的横摆、侧倾和侧向运动，悬架的运动学效应，悬架系统特性，转向系统的影响等。在高速直线行驶时，还要包括空气阻力和力矩。尽管线性模型已经在操纵性能定量分析中得到有效的应用，如前面提到的设计参数对车辆性能的影响分析。但对非线性域和非线性联合工况，则通常需要采用多体动力学分析软件，以求解这些非线性方程。

第二节　车辆动力学仿真软件

计算机仿真分析的传统方法是通过数值积分求解描述车辆性能的系统运动微分方程，即获得时间域的结果，也可对线性化车辆模型进行稳定性分析及频率响应分析。多体动力学及相应软件的发展和成熟，为建立精细的复杂模型求解提供了可能，使车辆动力学模型能够建立得更加准确。基于车辆动态系统的通用性描述，多体动力学分析方法将车辆各系统看作由铰链和内力连接起来的刚体集合,在外力的作用下产生运动,从而也产生了众多特定领域的专业化软件。

一、面向目标设计的车辆仿真软件

早期的车辆动力学分析中,大多采用的是面向目标设计的仿真软件。该仿真软件基于特定的车辆模型推导出的一组运动方程编写而成,可对多组不同参数值进行反复运算,并可获得时域下的仿真结果。在仿真程序编写前,首先要保证模型的正确性。由于针对某一特定车辆进行程序编写,意味着编写后的仿真模型不能修改,也不能添加其他特性。

典型实例是美国密歇根大学交通研究所(UMTRI)开发的公路车辆的仿真模型 HVOSM(Highway Vehicle Object Simulation Model)。其中包括了一个很详细的轿车动力学模型、一个轮胎模型和几个可选的悬架系统模型。用户在使用该软件时需要提供大量的相关数据和图表,可获得时域的仿真结果。HVOSM 软件除了用于车辆行驶、操纵动力学建模分析外,还可用于模拟碰撞分析。由于用户不能根据不同结构的车辆进一步开发、修改或更新模型,因而限制了该软件的使用范围。例如,它既没有包含转向系模型,也不能结合四轮驱动系统等其他形式。另一个例子是对载货汽车与拖挂车机组进行简单操纵性能分析的软件。

二、多体系统动力学分析软件

近 20 年来,对车辆这样复杂的系统进行高精度仿真的能力大大提高,而这个进步是由于计算机硬件和建模软件解算能力的实质性改善而得以实现的。多体系统动力学理论为复杂机械系统的结构设计、分析和优化提供了有力的支持。由于系统各个部件的大位移运动和空间非线性关系,在构造动力学方程时面临繁重的代数和微分运算,而且由于方程的非线性致使不可能求得闭封的解析解。因此,利用计算机解决复杂系统的设计、分析和优化问题成为近年来力学和机构设计等领域的一个重要研究方向,并且取得迅速的发展,多体系统动力学分析软件也应运而生。

多体动力学软件的建模原则是尽可能地建立与真实系统本身接近的动力学模型。在车辆系统动力学分析中,比较流行的多体分析软件主要有机械系统动力学分析软件 MSC-ADAMS(Automatic Dynamic Analysis of Mechanical System)、动力学分析和设计系统软件 DADS(Dynamic Analysis and Design System)、多体系统仿真软件包 SIMPACK(Simulation of Multibody systems PACKage)、AUTOSIM(包括 Carsim 和 Trucksim)等。为了建立描述系统的运动方程,这类软件所需的详细信息包括:①坐标系(相对参考坐标系和绝对参考坐标系);②质量参数(质量、转动惯量);③几何定位参数;④约束类型(球铰、平面铰等);⑤力元(弹簧、阻尼、作动器等);⑥外力(轮胎力、空气阻力、驾驶员输入等)。

因此,用户必须依次考虑系统的每一个元件,并输入相应的数据。建模的关键问题是系统的自由度要符合实际系统,既不能将系统建成一个过约束系统,也不可建成一个欠约束系统。前者意味着所建立的模型不能"运动",后者则表现为模型不能"支撑"其自身。

在多体系统动力学软件中,又根据是否内置有数学求解程序而划分为两类:一类是软件本身可产生数值方程;一类是只产生符号形式的代数方程。

1. 数值型方程

在数值型多体动力学软件中,其数值型方程直接通过嵌入软件包中的数值积分程序求解,并可获得时域仿真输出。通常这些输出可与计算机辅助设计软件或实体模型信息连接起来,以产生系统运动的直观动画效果,从而方便设计者观看系统的运动过程。对于数值型多体动力学软件,若某一参数发生变化,整个系统的方程组必须重新生成,整个过程完成后,仿真程序才可再次运行。在多体动力学软件中,ADAMS 和 DADS 是数值型多体动力学软件中两个典型实例。

2. 代数型方程

与数值型多体系统动力学软件相比,代数型多体系统动力学软件的产生是代数形式的运动方程,其求解方式是通过外挂于多体软件之外的数值积分程序进行求解。因而对于任意给定的模型,系统方程只需生成一次,且在必要时可由用户监测,也可利用其他数学软件包对这些方程在给定参数下进行求解。因而代数型多体软件的主要优点是当参数数值改变时,只有包含该参数的方程组进行重新生成,其他系统方程保持不变。其具有代表性的代数型多体系统动力学软件包括 AUTOSIM、SIMPACK 等。

三、程序工具箱

程序工具箱通常是多个分析程序的集合,其模型需由用户提供,如 MATLAB 和 MATRIX-X。这些分析程序可以处理系统的运动方程,并按照设计者所要求的形式给出输出结果。对于简单模型,运动方程可由手工推导;对于复杂系统,其运动方程可通过代数型多体系统软件求得。

表 2-1 总结了以上各车辆动力学仿真软件的优缺点。

车辆动力学仿真软件比较 表 2-1

软件包	优点	缺点
面向目标设计的仿真软件	(1)比较便宜; (2)采用模型的正确性已被证实; (3)适用于解决专门的问题而不是对设计问题的研究	(1)不能改变模型; (2)可能包含与所研究的某一特定问题无关的内容
多刚体动力学软件(数值型)	(1)有工业标准,如 ADAMS; (2)有分析复杂系统的强大能力(如具有所有柔性悬架细节的整体操纵模型); (3)有动画仿真能力; (4)有与 CAD 软件连接的预处理器; (5)可进行参数化优化设计	(1)价格昂贵; (2)耗费大量机时
多刚体动力学软件(代数型)	(1)能有效地利用计算机的时间; (2)价格不贵; (3)具有解决复杂问题的强大功能	(1)不如数值型软件包先进; (2)比数值型的功能少
程序工具箱	(1)价格便宜; (2)适用于设计开发; (3)适用于各种应用场合,如具有现成的通用车辆模型工具箱	(1)如果模型尚未包括在内,必须建立模型; (2)不适用于解决复杂的系统(自由度不得超过 50 个)

第三节　广义系统理论

随着生产力的发展和科学技术的进步,出现了许多复杂的广义大系统,如电力系统、城市交通系统、数字通信网、机器人系统、柔性制造系统、生态系统、水源系统和社会经济系统等。这些系统都具有规模庞大,结构复杂(环节较多、层次较多或关系复杂),目标多样,影响因素众多,且常带有随机性等特点。当研究这类系统时,不能采用常规的建模方法、控制方法和优化方法来分析和设计。因为原有的控制理论,不论是经典控制理论,还是现代控制理论,都是建立在集中控制的基础上,即认为整个系统的信息能集中到某一点,经过处理,再向系统各部分发出控制信号。而这种理论应用到广义系统时遇到了困难,不仅由于系统庞大,信息难以集中,也由于系统过于复杂,集中处理的信息量太大,难以实现。因此需要有一种新的理论,用以弥补原有控制理论的不足,广义(分散控制)系统理论就应运而生。广义(分散控制)系统理论是关于广义系统分析和设计的理论,包括广义系统的建模、模型降阶、递阶控制、分散控制和稳定性等内容[40,41]。

广义(分散控制)系统体系结构是设计和开发相关实验系统的基础。因此,在构建广义(分散控制)系统体系结构时,必须注重以下两方面。

1. 物理结构的分层与分级

广义(分散控制)系统分层结构是对广义系统决策问题的纵向分解,即按照任务复杂程度将整个系统分成若干个子决策层。而分级结构是对各关联子系统控制问题的横向分解。正如美国加州大学伯克利分校 PATH 课题组提出的智能车路系统体系结构,如图 2-2 所示,充分体现了分层与分级的必要性。

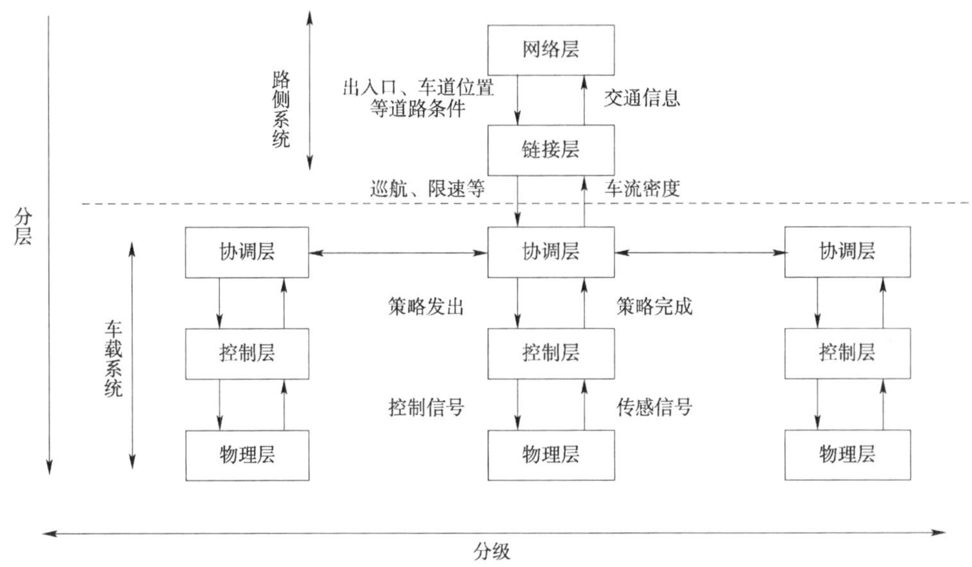

图 2-2　智能车路系统体系结构

图 2-2 中,PATH 课题组首先按照功能和需求将系统从上到下分为五层,底层是物理层,主要包括车辆的物理结构(发动机,制动系统,转向助力系统,车载传感器等),物理层利用车

载传感器采集周围环境信息,并将获得的传感信息传送到其上一层控制层;同时控制层将控制信号发送到本层。车辆执行机构或者传感器的采样频率是50Hz。物理层每隔2~3s就可以计算一次物理层需要的控制量,该时标主要根据车辆策略的执行时间来确定。由于车辆策略的执行过程不仅影响本车行驶状态,而且也对邻车产生影响,因此再上一层的协调层需要考虑本车和邻车的相互影响,每隔1min确定一个具体的车辆策略。以上三层构成了车载系统结构。链接层和网络层属于路侧系统,链接层将路网划分为不同路段,这样每个路段都会设有一个链接层,根据该路段上的车流密度、匝道数目及车道位置等决定是否需要相关的车辆策略,如巡航、跟随、组合与拆分、换道等,因此该层所需的时间是5~10min。顶部是网络层,该层对整个路网进行规划与分配,从而减少车辆平均出行时间,增加路网容量。如果将事故等突发事件也考虑在内,网络层0.5~1h刷新一次路网信息监控数据库。而对于分级结构,PATH课题组在设计车载系统时,考虑到智能车路系统中的车辆具有分散性,在系统物理层和控制层之上加入协调层,目的是解决车辆之间的合作与协作问题。协调层可以用来对车载控制器提供补充的协作信息,这样链接层在实现所在路段最优化的同时也就保证了网络层对整个路网的最优化。

2. 信息结构的对称与不对称

广义(分散控制)系统除了具有多层多级的物理结构之外,由于系统内部模型的控制结构本身具有局部性,因而从信息结构上讲,广义(分散控制)系统具有不完整的信息结构,即每个子系统的输出只能得到其对应子系统的输出信息。仍以智能车路系统为例,系统中的每个车载系统可以代表一个车辆分散控制器,由于每个车载系统获得的信息不完整,因此在设计车辆分散控制器时,需要确定车载系统的信息结构,即车辆为了实现不同的车辆策略而和周围车辆协作所需的信息量。对称的信息结构主要是指每一辆车都采用统一或单一方向的信息结构去设计各自的车载分散控制器;而不对称的信息结构主要是指车辆为完成不同的协作策略,而采用不同或双向的信息结构去设计车载分散控制器。目前车载系统所需的信息结构主要有前方车辆(Forward)、前方与首车组合(Forward Combined with the Leader)以及前方和后方(Forward and Backward)相结合的三种信息结构。

第四节　分散控制理论

分散控制理论是广义系统理论的一个重要的组成部分。分散控制系统按其分布有许多子系统,每个子系使用独立的局部控制器,每个控制器只观察系统局部的输出,并且只控制系统的局部输入,最后这些子系统共同完成整个系统需要的功能。目前,在研究广义(分散控制)系统时,主要借鉴变结构控制理论、Lyapunov稳定性理论、模糊控制理论、人工势场理论及模型预测控制等非线性控制理论及方法。

一、变结构控制理论

变结构控制,严格意义上应称为具有滑动模态的变结构控制,是一种非线性鲁棒控制方法,主要用于处理建模的不确定性。滑模变结构控制器设计为解决建模不精确情况下保持系统稳定性和一致性提供了系统的方法,且整个设计过程思路清晰。迄今为止,滑模变结构控制理论已经经历了 50 余年的发展，其发展过程大致可分为 4 个阶段：

(1)1957—1962 年，苏联学者 Utkin 和 Emelyanov 研究了二阶系统的分区线性化相平面方法、继电系统的滑模运动等，这已经蕴含着滑模变结构控制的概念。

(2)1962—1970 年，此阶段开始针对高阶线性系统进行研究，但仍限于单输入单输出系统(SISO)。

(3)1970—1980 年，此阶段在状态空间上研究线性系统的滑模变结构控制，得到的主要结论是滑模变结构控制对摄动及干扰具有不变性，并给出了不变性的充要条件。

(4)进入 20 世纪 80 年代，以微分几何为主要工具发展起来的非线性控制思想极大地推动了滑模变结构控制理论的发展，如基于精确输入状态和输入—输出线性化及高阶滑动模的滑模变结构控制等，都是近年来取得的研究成果。所研究的控制对象也已经涉及离散系统、分布参数系统、广义系统、时滞系统、非线性系统和非完整力学系统等众多复杂系统。

但是滑模变结构控制要求不确定性干扰满足匹配条件，而不满足匹配条件的不确定系统是大量存在的，因此研究突破匹配条件局限的滑模变结构控制是一个具有重要意义的课题。人们利用自适应反演设计，将非线性阻尼和滑模变结构控制相结合，提出了反演滑模变结构控制和多模变结构控制等多种控制器设计方法，将滑模变结构控制推广到非匹配不确定系统的范畴，有利于工程实现。在应用研究方面，滑模变结构控制已经成功地应用于工业机械手、非完整移动机器人系统、水下航行器、电机系统、航天器控制、电力系统等。滑模变结构控制方法通过控制量的切换，使系统状态沿着滑模面滑动，且系统在受到匹配摄动和外干扰时具有不变性(或完全鲁棒性)，并可用来针对日益复杂的被控对象设计控制律。

1. 滑模变结构控制的定义

考虑一般情况下的非线性系统：

$$\dot{x} = f(x, u, t) \tag{2-1}$$

式中，$\boldsymbol{x} \in \mathbf{R}^n$，$\boldsymbol{u} \in \mathbf{R}^m$ 分别是系统的状态和控制向量。在系统(2-1)的状态空间表达式中，有一个切换面(通常是超平面或 M 维流形)$s(x,t) = s(x_1, x_2, x_3, \cdots, x_n, t) = 0$。

控制量 $\boldsymbol{u} = \boldsymbol{u}(\boldsymbol{x}, \boldsymbol{t})$ 按照下列逻辑在切换流形 $s(x,t) = 0$ 上进行切换：

$$u_i(x,t) = \begin{cases} u_i^+(x,t), s_i(x,t) > 0 \\ u_i^-(x,t), s_i(x,t) < 0 \end{cases}, i = 1, \cdots, m \tag{2-2}$$

式中，$u_i(x,t)$，$s_i(x,t)$ 分别是 $\boldsymbol{u}(\boldsymbol{x},\boldsymbol{t})$，$\boldsymbol{s}(\boldsymbol{x},\boldsymbol{t})$ 的第 i 个分量；$u_i^+(x,t)$，$u_i^-(x,t)$ 及 $s_i(x,t)$ 是光滑的连续函数。$\boldsymbol{s}(\boldsymbol{x},\boldsymbol{t})$ 称为切换函数，一般情况下其维数等于控制向量维数。

考虑非线性系统(2-1)，需要确定切换函数：

$$\boldsymbol{s}(\boldsymbol{x},\boldsymbol{t}), \boldsymbol{s} \in \boldsymbol{R}^m$$

求解控制函数：

$$u_i(x,t) = \begin{cases} u_i^+(x,t), s_i(x,t) > 0 \\ u_i^-(x,t), s_i(x,t) < 0 \end{cases}$$

其中，$\boldsymbol{u}^+(\boldsymbol{x}) \neq \boldsymbol{u}^-(\boldsymbol{x})$，使得：①滑动模态存在；②满足可达性条件，在切换面 $\boldsymbol{s}(\boldsymbol{x},\boldsymbol{t}) = 0$ 以外的运动点都将于有限时间内到达切换面；③保证滑模运动的稳定性；④达到控制系统的动态品质要求。

上述前三点是滑模变结构控制的三个基本问题，只有满足了这三个条件的控制才能称为滑模变结构控制。

2. 滑动模态的存在和到达条件

滑动模态存在条件和到达条件的成立是滑模变结构控制应用的前提。在设计滑模变结构控制器时，我们将用到达条件导出滑模变结构控制律的数学表达式。由于滑模变结构控制的策略多种多样，因此对于系统可达性条件的实现形式也不尽相同。滑动模态存在的数学表达式为：

$$\lim_{x\to 0^+}\dot{s}\leqslant 0,\quad \lim_{x\to 0^-}\dot{s}\geqslant 0 \tag{2-3}$$

式(2-3)意味着在切换面邻域内，运动轨线将于有限时间内到达切换面，所以到达条件也称为局部到达条件。到达条件的等价形式为：

$$s\cdot\dot{s}<0 \tag{2-4}$$

式中，切换函数 $\boldsymbol{s}(\boldsymbol{x})$ 应满足以下条件：

①可微；②经过原点，即 $s(0)=0$。

由于状态 $\boldsymbol{x}$ 可以取任意值，即 $\boldsymbol{x}$ 可以离开切换面任意远，故到达条件(2-4)也称为全局到达条件。为了保证在有限时间到达，可对式(2-4)进行修正：

$$s\cdot\dot{s}<-\delta \tag{2-5}$$

式中，$\delta>0$，δ 可以取任意小。

通常将式(2-4)表达为 Lyapunov 函数型的到达条件：

$$\dot{V}(x)<0,V(x)=\frac{1}{2}s^2$$

式中，$V(x)$ 为定义的 Lyapunov 函数。

3. 滑动模态的运动方程

滑模变结构控制的重要问题之一是要确定滑动模态的运动方程。这种确定方法既要便于离线分析，又要符合控制系统的实际运行情况。由于滑动模态运动方程的右端函数是不连续的，甚至在切换流形上是无定义的，因此使得这种系统的分析不能用经典的微分方程理论来进行。

对于一般的滑模变结构控制，当系统发生滑模运动时，其间断点在时间上构成测度不为零的点集，系统状态被限制在切换流形上运动。在此情况下，通常采用等效控制方法来确定。

考虑如下的仿射非线性系统：

$$\dot{x}=f(x,t)+g(x,t)u \tag{2-6}$$

式中，$\boldsymbol{x}\in\mathbf{R}^n$，$u\in\mathbf{R}^m$ 分别是系统的状态和控制向量。$f(\boldsymbol{x},\boldsymbol{t})$，$g(\boldsymbol{x},\boldsymbol{t})$ 为适当维数的连续光滑非线性函数向量。

对于这类系统，如果到达理想的滑动模态控制，则 $\dot{s}=0$，即：

$$\dot{s}=\frac{\partial s}{\partial t}+\frac{\partial s}{\partial x}(f+gu)=0 \tag{2-7}$$

如果从式(2-7)可以确定或解出 u，则此解 u 被视为非线性系统式(2-6)在切换流形 $s=0$ 上所施加控制的平均或平均控制作用量。把由式(2-7)求出的控制量 u 称为等效控制，用 u_{eq} 表示。等效控制往往是针对确定性系统在无外加干扰情况下进行设计的。

因此,如果选取的切换函数 $s(\boldsymbol{x},\boldsymbol{t})$ 使得:

$$G \overset{\Delta}{=} \frac{\partial s}{\partial x} g$$

满秩,则由式(2-7)可以得到唯一的等效控制量:

$$u_{eq} = -G^{-1}\left(\frac{\partial s}{\partial t} + \frac{\partial s}{\partial x} f\right) \tag{2-8}$$

有了等效控制后,可写出滑动模态的运动方程。将等效控制 u_{eq} 带入式(2-6)所示的仿射非线性系统,就得到在理想情况下滑动模态应满足的微分方程:

$$\begin{cases} \dot{x} = \left[I - gG^{-1}\dfrac{\partial s}{\partial x}\right]f - gG^{-1}\dfrac{\partial s}{\partial t} \\ s = s(x,t) = 0 \end{cases} \tag{2-9}$$

滑动模态运动是系统沿切换面 $\boldsymbol{s}(\boldsymbol{x},\boldsymbol{t}) = 0$ 的运动,在到达滑动模态切换面时,满足 $s = 0$ 及 $\dot{s} = 0$,同时切换开关必须是理想开关,这是一种理想的极限情况。实际上,系统运动点沿切换面上下穿行。所以式(2-9)是滑模变结构控制系统在滑动模态附近的平均运动方程,这种平均运动方程描述了系统在滑动模态下的主要动态特性。通常希望这个动态特性既具有渐近稳定性,又具有优良的动态品质。从式(2-9)中可以看出,滑动模态运动的渐近稳定性和动态品质取决于切换函数 s 及其参数的选择。

针对带有不确定性和外加干扰的系统,一般采用的控制律为等效控制加变结构控制项,即:

$$u = u_{eq} + u_{sw}$$

其中,变结构控制项 u_{sw} 为克服不确定性和外加干扰的鲁棒控制。所设计的控制律 u 需要满足到达条件。

4. 滑模变结构控制系统的综合

设计滑模变结构控制器的基本步骤包括两个独立的部分:①设计切换函数 $s(x)$,使它所确定的滑动模态渐近稳定且具有良好的动态品质;②设计滑动模态控制律 $u^{\pm}(x)$,使到达条件得到满足,从而在切换面上形成滑动模态区。一旦切换函数 $s(x)$ 和滑动模态控制律 $u^{\pm}(x)$ 都得到了,滑动模态控制系统就能完全建立起来。

滑模变结构控制有以下几种设计方法。

(1)常值切换控制:

$$u = u_{sw} \cdot \mathrm{sgn}(s)$$

其中,u_{sw} 是待求的常数,sgn 是符号函数。设计滑模变结构控制就是求 u_{sw}。

(2)函数切换控制:

$$u = u_{eq} + u_{sw} \cdot \mathrm{sgn}(s)$$

这是以等效控制 u_{eq} 为基础的形式。

滑模变结构控制律的确定非常容易,它由通常的线性或非线性连续反馈和不连续的变结构反馈两部分组成。当上述控制律中变结构控制项 u_{sw} 的系数过大时,虽然从理论上讲可以容许系统的不确定性范围很大,但实际上会加剧系统抖振而使得实际受控对象的机械或硬件部分受到损坏。因此,如何选取适当的滑模变结构反馈系数是滑模变结构控制实际应用中的一个关键问题。近年来,有许多学者将模糊控制、神经网络、自适应控制及遗传算法等其他控制思想与滑模变结构控制方法有机地结合起来,目的就是通过对系统不确定性范围的进一步划分或学习,尽可能地减少切换增益系数,以克服滑模变结构控制所具有的抖振缺陷对实时控制带来的困难。还有学者致力于用 Lyapunov 稳定性理论研究滑模变结构控制系统的综合问题。

二、Lyapunov 稳定性理论

控制系统最重要的特性是它的稳定性,一个不稳定的控制系统不但无法完成预期的控制任务,而且还存在一定的潜在危险性。因此,如何判定一个控制系统是否稳定及怎样改善其稳定性,是系统分析和设计的重要问题。稳定性指的是,如果一个系统在靠近其期望工作点的某处开始运动,且总能保持在期望工作点附近运动,那么就称该系统是稳定的。通常用单摆在两个平衡点(垂直位置的顶端和底端)附近开始的运动来说明一个动态系统的不稳定性和稳定性。在经典控制理论中,对于用传递函数描述的单输入单输出线性定常系统,应用劳斯(Routh)判据和霍尔维茨(Hurwitz)判据等代数方法判断系统的稳定,非常方便有效。至于频域中的奈奎斯特(Nyquist)判据则是更为通用的方法,它不仅用于判定系统是否稳定,而且还能指明改善系统稳定性的方向。上述方法都是以分析系统的特征根在复平面上的分布为基础的。但是,对于非线性系统和时变系统,这些稳定性判据就不适用了。早在 1892 年,俄国数学家 A. M. Lyapunov 就提出将判定系统稳定性的问题归纳为两种方法(间接法和直接法),这两种方法已经成为研究非线性控制系统稳定性的最有效且实用的方法。目前,Lyapunov 稳定性理论已成为非线性系统分析和设计的最重要工具,同时在现代控制理论的许多方面,例如最优系统设计、智能控制、最优估计、自适应控制和滑模变结构控制系统设计等方面,Lyapunov 稳定性理论都有广泛的应用。在 Lyapunov 稳定性理论中,若用 $\| \boldsymbol{x} - \boldsymbol{x}_e \|$ 表示状态向量 $\boldsymbol{x}$ 与平衡状态 $\boldsymbol{x}_e$ 的距离,用点集 $s(\varepsilon)$ 表示以 $\boldsymbol{x}_e$ 为中心、ε 为半径的超球体,那么 $\boldsymbol{x} \in s(\varepsilon)$ 则表示为:

$$\| x \quad x_e \| \leqslant \varepsilon$$

其中,$\| \boldsymbol{x} - \boldsymbol{x}_e \|$ 为向量的 2 范数或欧几里得范数。

在 n 维状态空间中,有:

$$\| x - x_e \| = [(x_1 - x_{1e})^2 + (x_2 - x_{2e})^2 + \cdots + (x_n - x_{ne})^2]^{1/2}$$

当 ε 很小时,则称 $s(\varepsilon)$ 为 $\boldsymbol{x}_e$ 的邻域。因此,若 $\boldsymbol{x}_0 \in s(\delta)$,则意味着 $\| \boldsymbol{x}_0 - \boldsymbol{x}_e \| \leqslant \delta$。同理,若非线性微分方程式(2-1)的解 $\boldsymbol{x} = \boldsymbol{\Phi}(\boldsymbol{x}_0, t_0, t)$ 位于球域 $s(\varepsilon)$ 内,则有:

$$\| \boldsymbol{\Phi}(x_0, t_0, t) - x_e \| \leqslant \varepsilon, t \geqslant t_0 \tag{2-10}$$

式(2-10)表明方程(2-1)由初始状态 $\boldsymbol{x}_0$ 或短暂扰动所引起的自由响应是有界的。Lyapunov 根据系统自由响应是否有界把系统的稳定性定义为下面几种情况:

1. Lyapunov 意义下的稳定

如果式(2-1)描述的系统对于任意选定的实数 $\varepsilon > 0$,都对应存在另一实数 $\delta(\varepsilon, t_0)$,使得当。

$$\| x(t_0) - x_e \| \leqslant \delta(\varepsilon, t_0)$$

时,从任意初始状态 $\boldsymbol{x}(t_0)$ 出发的解 $\boldsymbol{x}(\boldsymbol{t}) = \boldsymbol{\Phi}[\boldsymbol{x}(t_0), t_0, t]$ 都满足:

$$\| x(t) - x_e \| \leqslant \varepsilon, t_0 \leqslant t \leqslant \infty$$

则平衡点 $\boldsymbol{x}_e$ 是 Lyapunov 意义下稳定的，其中实数 δ 与 ε 有关，一般情况下也与 t_0 有关。

Lyapunov 意义下的稳定性在本质上意味着，若系统在足够靠近状态空间原点 $\boldsymbol{x}_e=0$ 处开始运动，则该系统轨线就可以保持在任意地接近原点的一个邻域内。更正式地说，该定义指出，假若我们不想让状态轨线 $\boldsymbol{x}(t)$ 越出随意指定半径的球域 $s(\varepsilon)$，就能够求得一个值 $\delta(\varepsilon,t_0)$，使得在时间 t_0 时在球 $s(\delta)$ 内开始运动的状态将一直维持在球 $s(\varepsilon)$ 内。

2. 渐近稳定和指数稳定

在许多工程应用中，仅有 Lyapunov 意义下的稳定是不够的。例如，当一个卫星的姿态在它的标称位置受到干扰时，我们不仅想让卫星的姿态保持在由扰动大小决定的某一个范围内（即 Lyapunov 稳定性），而且要求该姿态逐渐地恢复到它原来的值。这类工程要用渐近稳定性概念来表达。

如果平衡状态 $\boldsymbol{x}_e$ 是 Lyapunov 意义下稳定，而且当时间 t 无限增大趋于无穷时，始于球域 $s(\delta)$ 的任一条轨迹不仅不超出 $s(\varepsilon)$，且收敛于 $\boldsymbol{x}_e$，则称系统式(2-1)的平衡状态 $\boldsymbol{x}_e$ 是渐近稳定的。

在许多工程应用中，只知道系统在无限时间之后收敛于平衡点还是不够的，还需要估计系统轨线趋于平衡点的速度。指数稳定性的概念就是为此而提出的。

如果存在两个正数 α 和 λ，使得：

$$\forall t\geqslant 0,\quad \| x(t) \| \leqslant \alpha \| x(0) \| \mathrm{e}^{-\lambda t}$$

在平衡点 $\boldsymbol{x}_e=0$ 附近的某个球 $s(r)$ 内成立，则平衡点 $\boldsymbol{x}_e=0$ 是指数稳定的。

值得指出的是，指数稳定性蕴含着渐近稳定性，但渐近稳定性并不能保证指数稳定性。

3. 局部稳定和全局稳定

实际上，渐近稳定性比 Lyapunov 意义下的稳定性更重要。考虑到非线性系统的渐近稳定性是一个局部概念，所以简单地确定渐近稳定性并不意味着系统能够正常工作。通常有必要确定渐近稳定性的最大范围或吸引域，发生于吸引域内的每一个轨迹都是渐近稳定的。

对于所有的状态（状态空间中所有的点），如果由这些状态出发的轨迹都保持渐近稳定性，则平衡状态 $\boldsymbol{x}_e=0$ 称为大范围渐近稳定。

如果非线性系统式(2-1)的某个平衡点 $\boldsymbol{x}_e=0$ 是稳定的，且对于所有的 $\boldsymbol{x}_0\in\boldsymbol{R}^n$ 都有 $\lim\limits_{t\to\infty}\| x(t) \|=0$，那么称该平衡点是全局渐近稳定的。

4. 不稳定

如果对于某个实数 $\varepsilon>0$ 和任一实数 $\delta>0$，不管 δ 这个实数多么小，由 $s(\delta)$ 内出发的状态轨线，至少有一条越过 $s(\varepsilon)$，则称这种平衡点 $\boldsymbol{x}_e=0$ 不稳定。

指出不稳定性和直观概念“发散”（接近原点的轨线越来越离开并趋向无穷远处）之间的定性区别是重要的。线性系统的不稳定性等价于发散，因为不稳定极点总是导致系统状态轨迹的指数增长。然后，对于非线性系统，发散仅仅是不稳定性的一种表现形式。

5. 稳定性概念中的一致性

非自治系统的 Lyapunov 稳定性和渐近稳定性这两个概念都表明了初始时刻的重要作用。通常需要的是，不管系统什么时候开始运行，系统都将具有某种一致性特性。这就必须考虑一致稳定性、一致渐近稳定性和全局一致渐近稳定性的定义。不难发现，具有一致特性的非自治系统拥有某些期望的抗干扰能力。值得指出的是,因为自治系统的特性与初始时刻无关,所以自治系统的所有稳定性均是一致的。

此外,引入一致稳定性概念的直观理由是排除那些稳定程度随着时间的增大而越来越小的系统。类似地,一致渐近稳定性的定义也用来限制初始时刻 t_0 对状态收敛性的影响,而且指数稳定性总是蕴含着一致渐近稳定性。通过用全局状态空间替换吸引域 $s(\varepsilon)$,就可以得到全局一致渐近稳定性的定义。

如果非线性系统式(2-1)的某个平衡点 $\boldsymbol{x}_e=0$ 是全局渐近稳定的,且收敛到原点的轨迹对时间是一致的,即存在一个函数 $\boldsymbol{h}(\boldsymbol{t},\boldsymbol{x}):\boldsymbol{R}_+\times\boldsymbol{R}_n\rightarrow\boldsymbol{R}_+$,使得当 $x(t_0)\in s(\delta)$ 时,有 $\lim\limits_{t\rightarrow\infty}\|h(t,x)\|=0$ 及

$$\|x(t)-x_e\|\leqslant h(t-t_0,x_0),\ \forall t\geqslant t_0$$

则称平衡点是全局一致渐近稳定的。对于线性系统,渐近稳定等价于大范围渐近稳定;但对于非线性系统,一般只考虑吸引域为有限范围的渐近稳定(局部渐近稳定)。

最后需要说明的是,Lyapunov 间接(线性化)方法又称为 Lyapunov 第一法,是关于非线性系统局部稳定性的命题。从直观上来理解,非线性系统在小范围内运动时,应当与它的线性化具有相似的特性。因为所有物理系统本质上都是非线性的,所以 Lyapunov 间接法在实际中成为使用线性控制技术的基本依据,即说明用线性控制进行稳定性设计可以保证原物理系统的局部稳定性。而 Lyapunov 直接法又称为 Lyapunov 第二法,其基本思路是借助于一个 Lyapunov 函数来直接对系统平衡状态的稳定性做出判断,而不去求解系统的运动方程,这是从能量的观点进行稳定性分析的。如果一个系统被激励后,其存储的能量随时间的推移而逐渐衰减,到达平衡状态时能量将达到最小值,那么这个平衡状态是渐近稳定的。反之,如果系统不断地从外界吸收能量,储能越大,那么这个平衡状态就越不稳定。如果系统的储能既不增加也不消耗,那么这个平衡状态就是 Lyapunov 意义下稳定的。这样就可以通过检查某个标量函数的变化情况对一个系统的稳定性分析做出结论。

三、模糊控制理论

1. 模糊控制原理

1965 年,美国加州大学的 L. Azdahe 教授首次提出表达事物模糊性的重要概念:隶属函数,从而突破了 19 世纪末笛卡尔的经典集合理论,奠定模糊理论的基础。1966 年,P. N. Marinos 发表了模糊逻辑的研究报告。1974 年,L. Azdahe 发表了模糊推理的研究报告,从此模糊理论成了一个热门的课题。同年,E. H. Mmadnai 首次运用模糊逻辑和模糊推理实现了第一个实验性的蒸汽机控制,并取得了比传统的直接数字控制算法更好的效果,从而宣告模糊控制的诞生。

事实上,模糊控制在各种领域出人意料地解决了传统控制理论无法解决的或难以解决的问题,并取得了一些令人信服的成效。但目前模糊控制尚无统一的定义,从广义上,可将模糊控制定义为以模糊集合理论、模糊语言变量及模糊推理为基础的一类控制方法,或者定义为采用模糊集合理论和模糊逻辑,结合传统的控制理论来模拟人的思维方式,对难以建立数学模型的对象实施的一种控制方法。

模糊控制的基本思想:把人类专家对特定的被控对象或过程的控制策略总结成一系列

以"IF(条件)-THEN(作用)"形式表示的控制规则,通过模糊推理得到控制作用集,作用于被控对象或过程。控制作用集为一组条件语句,状态语句和控制作用均为一组被量化了的模糊语言集,如"正大""负大""正小""负小""零"等。

模糊控制理论具有一些显著的特点:①模糊控制不需要被控对象的数学模型。模糊控制是以人对被控对象的控制经验为依据而设计的控制器,因此无须知道被控对象的数学模型。②模糊控制是一种反映人类智慧的智能控制方法。模糊控制采用人类思维中的模糊量,如"高""中""低""大""小"等,控制量由模糊推理导出。这些模糊量和模糊推理是人类智能活动的体现。③模糊控制容易被人们理解。模糊控制的核心是控制规则,模糊规则是用语言来表示的,如"今天气温高,则今天天气暖和"等,易于被一般人所接受。④构造容易。模糊控制规则易于软件实现。⑤鲁棒性和适应性好。通过专家经验设计的模糊规则可以对复杂的对象进行有效的控制。

近年来,模糊控制已广泛应用在动力系统控制、智能机器人和交通管理系统。模糊控制虽然是一种新的控制方式,但它遵循一定的科学规律和法则,所以具有一种与之相应的机制和原理。模糊控制以模糊集合论、模糊语言变量及模糊逻辑推理为基础,模拟人的近似推理和决策过程。目前,在工业上投入运行的模糊控制器,大都由一组模糊规则组成,通过一定的模糊推理机制确定控制作用。大量的工程实践表明,模糊控制主要适用于那些由于非线性和其他建模复杂性引起的结构或参数未建模的系统的控制。同基于精确数学模型的控制方法相比,模糊控制在处理不精确与启发式知识、控制具有高度不确定性的复杂系统时具有明显的优越性。

然而信息简单的模糊处理将导致系统的控制精度降低和动态品质变差,若要提高精度则必然增加量化级数,从而导致规则搜索范围扩大,降低决策速度,甚至不能实时控制。模糊控制的设计尚缺乏系统性,无法定义控制目标,控制规则的选择、论域的选择、模糊集的定义,量化因子的选取多采用试凑法,这对复杂系统的控制是难以奏效的。

2. 自适应模糊控制

自适应模糊控制是把模糊控制理论技术与自适应控制理论技术相结合,其基本思想可以定义如下:在系统工作过程中,系统本身能不断地检测系统参数和运行指标,根据参数的变化或运行指标的变化,改变控制参数或控制作用,使得系统运行于满足要求的工作状态。与传统自适应控制相比,在基本思想、分析设计所使用的数学工具方面有一定的相似性。但结合模糊控制理论后,可以把与被控对象的动态特性和控制策略有关的人类知识嵌入控制器中,并且模糊控制器具有一种特殊的非线性结构,这种结构对不同的被控对象来说是通用的。以下简要介绍目前几种典型的自适应模糊控制。

(1)基于模糊模型的自适应模糊控制。

基于模糊模型的自适应模糊控制是通过模糊辨识,得到系统的模糊关系模型,并利用该模糊模型求取控制规则。在过去十几年中,系统的模糊模型辨识研究取得了丰硕成果,为基于模糊模型的自适应模糊控制研究提供了有效工具,如陈建勤等在 Pedrycz 工作的基础上给出了模糊关系模型的在线辨识方法,并利用模糊模型求取控制规则,从而实现了基于 P 模型的自适应模糊控制。该类方法有待进一步完善的地方是如何提高算法的计算效率,以及如何确定其闭环稳定性。

(2)模糊模型参考自适应控制。

模糊模型参考自适应控制(FMRLC)是基于现代控制理论中模型参考自适应控制的思想,在常规的模型参考自适应控制(MRAC)设计思想上发展起来的。它是由模糊语言信息及模糊推理过程表达的参考模型协助产生学习信号,参考模型的特性由理想的性能指标决定。学习机构在误差信号的驱使下,不断修正模糊控制器的知识库,使得闭环特性与参考模型特性一致。与 MRAC 相比,FMRLC 方法具有以下优点:收敛速度快、设计简单、抗干扰性强、无须建立系统数学模型。

(3)自适应递阶模糊控制。

自适应递阶模糊控制采用一些模糊变量来衡量和表达系统的性能,在此基础上构造了监督模糊规则集,用它来调整递阶规则及模糊控制器的参数,使系统对过程参数的未可预知的变化有适应能力。自适应递阶模糊控制是自组织模糊控制的一种延伸和发展。它的出现显示了现代控制理论和模糊控制相结合的前景,同时也表明自组织模糊控制仍是自适应模糊控制的一种重要形式。

(4)结合神经网络的自适应模糊控制。

神经网络和模糊系统的结合是近几年研究的热点。模糊逻辑和神经网络虽然在概念、内涵上有着明显的不同,但两者都是为了处理实际中不确定性、不精确性等引起的系统难以控制的问题。神经网络是模拟人脑神经元的微观结构,其优点是具有并行处理能力、分布式信息储存,有良好的学习功能、联想功能和容错功能,但其知识表达困难,学习速度慢。而模糊逻辑着眼于可用语言和概念表述的人脑的宏观功能,其优点是可处理不确定的信息,可利用专家经验,但它难以从样本中直接学习规则,推理过程中模糊性会增加。因此,将两者有机地结合,互相取长补短,就有望达到更好的控制效果。基于神经网络的自适应模糊控制主要是利用神经网络自学习的特点,当难以获得足够的知识模型(IF-THEN 规则)时,通过神经网络可由训练样本学习、产生、修改,并高度概括输入、输出之间的关系,形成模糊规则。这样,便可根据输入模糊集合的几何分布及由过去经验产生的原始模糊规则加以推理得出结论。模糊神经网络在实际中存在的问题是神经网络较复杂,学习计算时间长,稳定性及收敛性等都是有待进一步研究的问题。

(5)结合遗传算法的自适应、自学习模糊控制。

遗传算法(GA)由美国 Michigan 大学 Holland 于 1995 年首先提出,是模拟达尔文的遗传选择和自然淘汰的生物进化论的计算模型。GA 是一种有效的全局并行优化搜索工具,它模拟生物界的进化过程,利用精心设计的遗传算子将问题的解一步步导向适应值(fitness)的最优区间,它具有简单通用、鲁棒性强和适于并行分布处理的特点。GA 在模糊规则的自动获取和神经网络的学习过程中呈现了强大的生命力,将它和模糊神经网络有机结合,可以展现模糊神经网络的强大生命力。但目前基于 GA 的优化是离线进行的,直接将其用于实时优化尚有一定难度,因此,具有在线优化能力的 GA 研究是当前需要解决的关键问题之一。

(6)基于规则因子自调整的模糊控制。

1982 年,龙升照和汪培庄提出解析描述的模糊控制规则的自调整方法,为研究自适应模糊控制提供了新途径。这种方法通过引进一种可调的参数对控制规则进行调整,以便对不同的被控对象都能获得满意的控制效果。许多学者就此做进一步研究,将调整因子变成多种形式的调整函数,可以进一步改善模糊控制的性能。自适应模糊控制方法调整的对象有量化因子、比例因子、隶属函数及模糊规则等。量化因子 K_e、K_{ec} 的大小意味着对输入变量误差和误差变化的不同加权程度,因此量化因子的调整实质上等效于模糊控制器规则的自调整。量化因子 K_e、K_{ec} 与比例因子 K_u 是相互制约的,对它们进行调整相对有一定限制。除此之外,量化因子、比例因子或隶属函数调整的前提是必须已具有基本准确的控制规则。由此可见,调整 K_e、K_{ec}、K_u 或隶属函数范围有限。模糊控制的核心是控制规则,模糊控制的性能很大程度取决于模糊控制规则的确定和调整,因此大多数的自适应模糊控制是针对控制规则进行的。

自适应或自学习模糊控制器通常包含较复杂的性能测试或模型/参数辨识机构,需要一定的模糊模型或学习数据样本,计算量大,难以做到实时规则在线调整,限制了其应用的场合范围。基于规则因子的自调整方法,由于算法简单高效,控制效果较好,非常易于通过微机实时地实现其控制思想,具有较好的工程应用前景,是自适应模糊控制应用于实时控制中最有效的方法之一。

3. 模糊控制器

对于一个系统而言,模糊控制在控制系统中所表现的具体形式是模糊控制器。模糊控制从系统的结构角度讲,是以模糊控制器取代传统的数字控制器。这种结构和传统的控制结构完全一样。从校正的眼光看,这是一种偏差校正方式。对于模糊控制来说,其核心在于模糊控制器。也就是说,模糊控制的机理是通过模糊控制器来体现的。模糊控制器的思想来自人类在生产实践中对被控对象的控制。

在生产实践中,人们发现有经验的操作人员虽然不懂被控对象的数学模型,但却能十分有效地对系统执行控制。如一个汽车驾驶员不懂汽车的数学模型而能很好地驾驶汽车,这是因为操作人员对系统的控制是建立在直观的经验上的,凭借在实际中取得的经验,采取相应的决策就可以很好地完成控制工作。人的经验是一系列含有语言变量值的条件语句和规则,而模糊集合理论能十分恰当地表达具有模糊性的语言变量和条件语句。因此,模糊集合理论描述人的经验就有着得天独厚的长处。很明显,把人的经验用模糊条件语句表示,然后用模糊集合理论对语言变量定量化,再用模糊推理对系统的实时输入状态进行处理,产生相应的控制决策。这无疑是一种新颖的方法,这样就产生了模糊控制器。模糊控制器对被控对象的控制采用的是人类的模糊控制意念。这种模糊控制意念是以模糊控制语句来描述的。在模糊控制语句中,含有人类对环境的模糊检测和对被控对象的模糊命令。

一般模糊逻辑控制器主要由模糊化接口、模糊推理机和解模糊接口三大部分组成。模糊化接口主要完成将输入变量值的范围向相应论域变换的比例映射,从而实现模糊化,构成模糊集合。模糊推理机由知识库(数据库和规则库)和推理决策逻辑两部分构成,用来提供模糊推理算法。解模糊接口将推理所得的模糊控制作用转化为精确的控制作用。而在复杂系统的控制过程中,模糊控制器的自适应功能则一直是控制系统设计者们所追求的目标。自适应模糊控制器的设计应遵循以下两个目标功能:

(1)根据被控过程的运行状态给出合适的控制规则,即控制功能。

(2)根据给出的控制规则的控制效果,对控制器的控制决策进一步改善,以获得更好的控制效果,即学习能力。

因此,自适应模糊控制器是同时执行系统辨识和控制任务的,其本质是通过对控制器性能的观察,做出控制决策,并用语言形式描述策略。

自适应模糊控制器的结构如图 2-3 所示。一般而言,自适应模糊控制器是在常规模糊控制的基础上增加了以下三个功能模块构成的:

(1)性能测量:用于测量实际输出特性与希望特性的偏差,以便为控制规则和参数的修正提供信息,即确定输出响应的校正量。

(2)控制量校正:将输出响应的校正量转换为对控制量的校正量。

(3)控制规则和参数修正:控制量的校正通过修改控制规则和参数来实现。

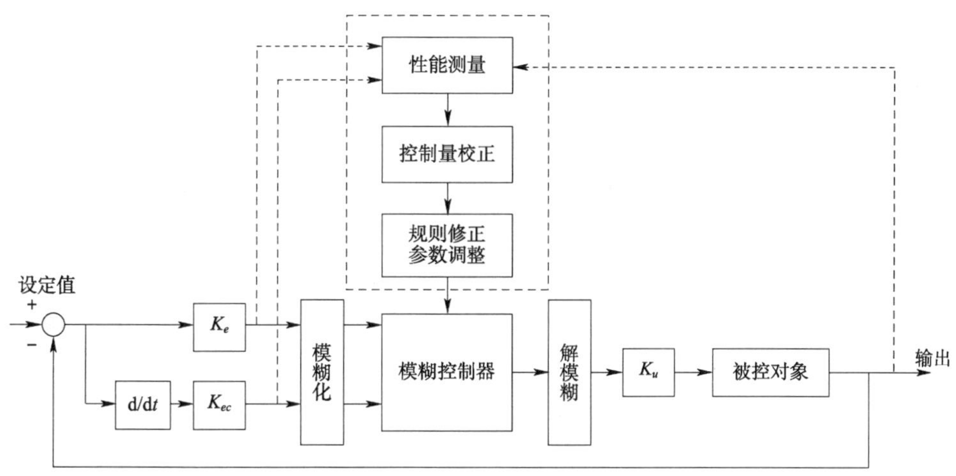

图 2-3　自适应模糊控制器结构

四、人工势场理论

人工势场法最早是在 1986 年由 Khatib 提出的[42]。在人工势场法中,机器人的运动受制于一个人工建立的“场”的作用,这个“场”通常被分成“引力场”和“斥力场”两个组件。其中“引力场”通常被描述成一个碗形,来让作用物受到一个向目标移动的趋势,而“斥力场”通常被描述成一个山形,来在障碍物周围产生一种趋离作用物的趋势。由于人工势场法的简洁与接近人的认知,其被广泛应用于机器人避障领域。经过 30 年的发展,人工势场法已经成为机器人路径规划领域最常用的方法之一。

智能车辆作为一种轮式机器人,也可在其路径规划中参考借鉴人工势场的思想。而在智能车辆的路径规划中,最主要的控制目标是障碍避免。所以在使用人工势场的过程中,“斥力场”的形状对于实际的避障效果起到了决定性的作用。一般来说,“斥力场”需要确定一个影响范围,即在影响范围以内,离障碍物越近,势场值越大,而在影响范围以外,“斥力”则下降至极小或 0。其中比较有代表性的有如下几种。

如 Khatib 提出的斥力场函数被描述成:

$$U(r)=\frac{A}{2}\left(\frac{1}{r}-\frac{1}{r_0}\right)^2 \qquad 0<r<r_0 \tag{2-11}$$

其中,r 是环境中势场点到障碍物边缘的最短距离;r_0是所影响的范围;A 是整体势场权重因子。

Volpe 等人提出了一种 Yukawa 势场函数[43]：

$$U(K) = A\frac{e^{-\alpha K}}{K} \tag{2-12}$$

其中，变量 α 表示势场在靠近障碍物边缘上升以及远离障碍物时的下降速度；A 是整体势场权重因子；K 表示距离障碍物的伪距，K 为 0 时表示该势场点在障碍物边缘，而 K 会随着势场点与障碍物边缘距离的增加而增加。

Jing Ren 等人基于广义 sigmoid 方程提出了一种势场函数[44]：

$$U(s) = \frac{1}{1+e^{-\gamma s}} \tag{2-13}$$

其中，s 代表距离障碍物表面的距离；γ 为一个调整系数，可以调节势场的影响范围。

然而人工势场法也存在一些限制，如在机器人避障过程中，因为障碍物形状及势场函数规则可能会存在局部最小点，使得机器人不能顺利达到目标地点。为了消除局部最小点，Kim 等人提出了采用谐波函数来构建势场消除局部最小点的方法[45]。

五、模型预测控制方法

对车辆/车队协同驾驶系统来说，各个车辆的核心控制目标就是保证安全。随着车载传感器及车载无线网络技术的日渐成熟，车辆得到自身及周围环境的状态信息变得更加容易，在此基础上为实现车辆自动控制的许多研究值得参考[46-48]。从控制的角度来看车队中的车辆，系统更可以被当成是一个有限数量的子系统组成的互联系统。控制目标是让车辆在轨迹跟随（不论是由领航车生成的轨迹还是系统给定的期望轨迹）的时候保持与相邻车辆之间的安全距离。其中，用来解决多变量控制问题的线性二次控制法（Linear quadratic control）通过把线性动态系统处理成约束条件，并且解决一个二次型目标函数优化问题来实现多变量控制问题。

通常，这类控制方法中目标函数被定义为一个状态量和控制信号的二次函数，如：

$$\sum_{j=0}^{\infty} \| x(k+j) \|_{P_1}^2 + \| u(k+j) \|_{P_2}^2$$

其中 P_1，P_2为权重矩阵，用来表明控制信号和状态量的权重。

Y. Rochefort 等人指出对于协同控制系统来说，需要同时考虑被控对象与周边其他对象的状态[49]。同时，为了能提高控制效率，控制方法还需要同时考虑系统内所有对象当前和未来的状态。传统的控制器很难处理这方面的需求，而模型预测控制器是线性二次控制器的一个扩展，两者主要的不同是，模型预测控制可以处理控制信号和状态量的约束，正好可以满足协同控制的需求。与一般的优化控制方法的主要区别在于，模型预测控制滚动优化的特性提供了闭环反馈性。模型预测控制算法的核心是：可预测未来的动态模型，在线反复优化计算并滚动实施的控制作用和模型误差的反馈校正。模型预测控制具有控制效果好、鲁棒性强等优点，可有效地克服控制过程中的不确定性、非线性和并联性，并能方便地处理被控变量和操纵变量中的各种约束。由于模型预测控制是一种基于模型的闭环优化控制策略，可以处理有约束的、复杂的动态系统，MPC 控制在车辆智能控制领域也得到了广泛的应用。

第三章　车队协同驾驶多模态混成控制系统设计

车队多模态混成控制系统设计是开展车队协同驾驶仿真与实验的基础。在建立车队协同驾驶群体体系结构与个体体系结构的基础上,介绍车辆编队模型设计与编队任务协调方法,探索车队多模态混成控制策略,通过定义车队模态迁移逻辑、描述车队行驶环境事件及判定车队模态变迁的可达性,设计车队协同驾驶多模态混成自动机控制,这是本章的重点,也是本书的研究重点。

第一节　车队协同驾驶群体体系结构与个体体系结构

选择适用于混成控制系统的车队群体体系结构与个体体系结构是研究车队协同驾驶控制的基础。由于车队协同驾驶系统是一个广义的分散控制系统,车队中的每一辆车都使用独立的局部控制器,该局部控制器通过采集本车状态信息,根据车辆动力学所建立的控制模型,采用分散变结构控制方法,得到连续采样时刻的车辆状态变量值,从而实现本车的自主驾驶功能;同时该局部控制器可以采集车间距离信息,结合车间纵向动力学和车辆动力学模型,把被控车辆和车间纵向动力学特性统一到车队协同控制系统中;最后这些车辆的局部控制器联合起来共同完成整个车队需要的协同驾驶策略。本书提出的车队分散控制结构框图如图 3-1 所示。

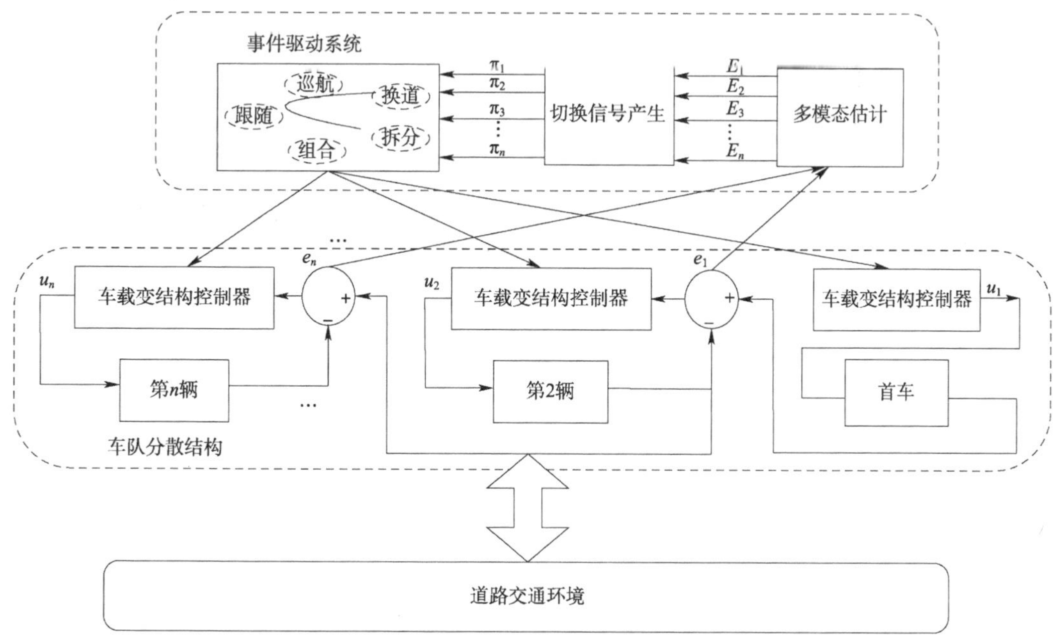

图 3-1　车队群体体系结构

同时,车队协同驾驶分散控制系统应具有双层通信机制的信息交互模式,分别用于车队内通信(Intra-platoon)和车队间通信(Inter-platoon),从而支持车队协同驾驶过程,如图3-2所示。

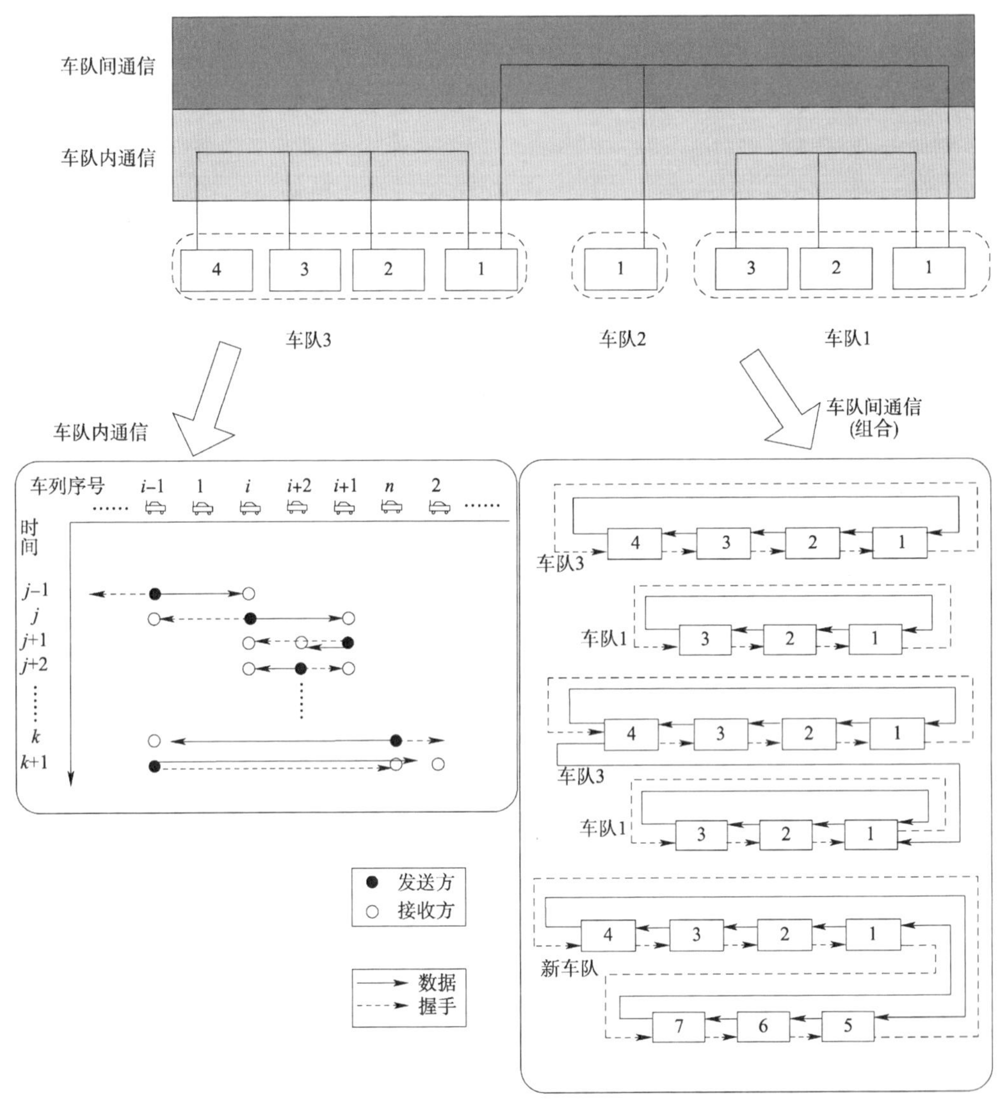

图3-2 车队信息交互模式

(1)车队内通信。图3-2中左下角部分描述了车队内的通信机制。根据车列序号确立收发路径。采用数据发送与握手确认相结合的机制,依次与车辆进行通信,当车队中最后一个通信的车辆与第一个通信的车辆建立通信时,表示一次车队内通信的完成。

(2)车队间通信。图3-2中右下角部分描述了车队间的通信机制。以车队组合策略为例,采用循环制收发协议,完成图中车队1加入到车队3中。车队3中的首车利用车队内通信通知车队3中最后一辆车改变收发路径,允许车队3中的第4辆车与车队1进行通信,第4辆车利用车队间通信机制,与车队1中的首车建立通信。建立通信后,第4辆车通知车队1中的第3辆车改变收发路径,同时改变与车队1中的首车的收发路径,通知车队3中的首车改变收发路径，车队 1 中的第 3 辆车收到通知后，改变收发路径，与车队 3 中的首车建立通信，表示一次车队间通信的完成。

然而，在对车辆自动驾驶与辅助驾驶研究中，人们一直习惯从纵向和横向分别独立研究车辆系统动力学问题，忽略了它们之间相互耦合的影响。车辆纵向、横向动力学耦合主要表现在三个方面：

(1) 动力学耦合。按照质点动力学，车辆动力学耦合主要包括：①车辆前轮转向时会在车辆纵向方向产生分力；②车辆纵向速度可以影响车辆横向离心力的大小。

(2) 轮胎力耦合。车辆的轮胎力耦合指的是车轮横向转向力和纵向牵引力的相互影响。

(3) 载荷转移耦合。车轮载荷转移耦合是指车辆纵向加速度的改变使轮胎压力重新分布，从而影响车辆横向动态特性。

因此，在开展车队协同驾驶研究时如果能够综合考虑耦合的补偿效应，可以提高车队控制精度，改善车队控制系统的跟踪性能，例如必需的车间距及随车道变化的横向偏差距离，从而提高车队行驶的安全性和协调性。书中设计的车队分散结构中，考虑车辆纵横向动力学耦合的车辆变结构控制框图如图 3-3 所示。

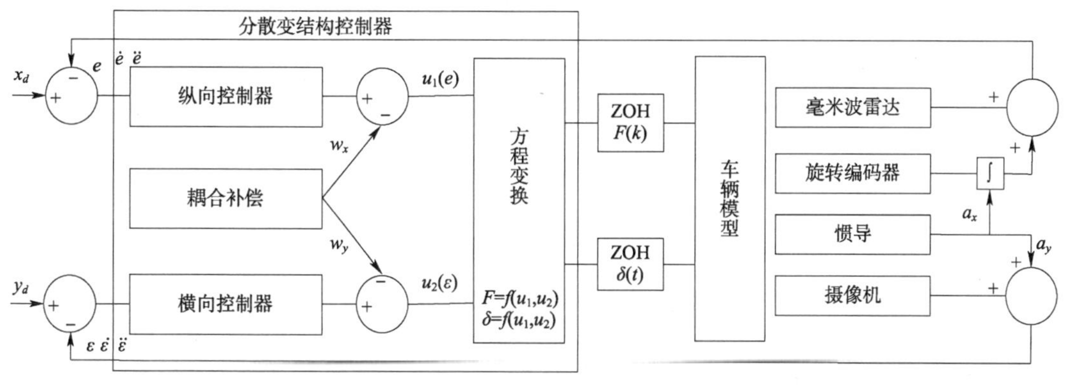

图 3-3　车队个体体系结构

图 3-3 中，在分别设计车辆纵向和横向控制器的基础上，引入耦合补偿单元，主要应用于车队弯道行驶时。横向控制要考虑纵向参数，如纵向加速度、速度等；同时，纵向的车间距控制要考虑横向偏移距离等。因此，车间距离误差应包括毫米波雷达、旋转编码器、惯性导航系统测得的数据量；车辆横向偏移误差应包括摄像机、惯性导航系统测得的数据量。这样，在设计车辆纵向和横向控制器时，利用耦合补偿单元，对需要控制的变量分别加入权重值，从而到达耦合补偿的效果。

第二节　基于 MAS 的车辆编队模型设计

一、车队编队模型介绍

1. 集中式模型

在集中式协调模型中，车 L 是车队的协调控制枢纽。为了保持车队队形与稳定，它是车队中唯一能发布命令的实体，其他车辆只需要接受和执行命令就行。集中式协调模型又可分为绝对集中式和一般集中式两类。

绝对集中式模型只需在车 L 和车 M 之间进行通信协调,并总让车 M 加入车队的最尾端,这样就不会对现有车队中的车辆行为产生影响,减少了通信协调的复杂程度,并能将编队执行过程的不确定性和不稳定性降到最低程度。虽然该编队模型对通信要求程度不高,而且抗干扰能力比较强,但是由于它比较简单,缺乏灵活度,缺乏扩展性,在复杂交通环境中适应力较差。

一般集中式模型以车 L 为中心,可以根据目前的交通路况、车队状况、车 M 所处位置等情况对车 M 加入车队中位置进行优化,需要在至少三辆车之间进行协调来完成编队任务。车 L 根据车 M 加入位置向车队中某成员(车 G)发布命令,让它为车 M 创造出足够的空间,然后协调车 M、车 G 让车 M 进入车队以避免车 M 与其他车辆发生碰撞,最后再调整车辆间的间距,恢复到正常的状态。相对于绝对集中式模型,它的灵活性和适应性都大大增强,但由于协调对象增加,协调模型复杂度也相应增加,出现矛盾和冲突的可能性随之增加。为了维持系统正常运作及应对冲突和矛盾,对车 L 的能力要求比较高,对通信资源需求比较大,而且随着系统扩展,模型复杂度增大,这种趋势也越明显,对车 L 的依赖作用非常强。

2. 分布式模型

在分布式车队协调思想中,车 L 依然是车队的代表,会在车队级的交流与协调中做出重要贡献,而在队内活动中与其他队员处于平等协调地位。车队中的每个成员都具有足够的知识与能力,能够与队内其他成员直接交流和协调互动。车队成员的知识由静态信息知识和动态信息知识组成,其中静态信息知识包括每个成员车辆 ID、车队中的位置序号、通信 IP 等,通过与车 L 通信来更新;动态信息知识则包含队内成员的位置、速度、加速度等信息,通过队内成员直接通信交流来更新这部分的信息。例如,在车辆编队活动开始时,车 L 分配给车 M 通信地址、位置序号等并通过广播来更新车队成员的静态信息,而在车辆编队过程中,车 M 与车队某成员直接通信来相互通知对方的位置和车速、加速度等动态信息。在分布式模型中,车队成员通过一系列社会法则来决定每个成员在某项活动中的任务,而不是由车 L 来分配任务,并通过社会法则来约束和指导车辆的驾驶及其相关活动。在编队活动中,如果车队接受了车 M 的请求,车 L 就给予它车队的静态信息知识,并通过广播通信的方式更新队内成员关于车 M 的静态信息知识,然后车 M 将直接在车队中寻找一个成员来帮助它完成编队活动。这样就消除了中间传递环节,如集中式模型中的车 L。

分布式模型虽然要求每一辆车都具备较强的知识和能力,但它能有效降低对车 L 的能力要求,降低车队对车 L 的依赖作用,而且系统扩展性强。目前单个智能车辆已具备了较强的能力,并且随着智能技术的快速发展及其在汽车领域的逐渐应用,将会使得个体智能车辆具备更完善、更强大的功能。因此分布式模型将会更符合今后各种车队活动建模要求。

MAS(multi-agent system)起源于 DAI(distributed artificial intelligence)领域,在很多领域有着广泛的应用,并且也非常适合于智能车队的分布式建模要求。本书选择应用 MAS 系统理论来探讨车辆编队问题。

二、Agent 和 MAS 系统

1. Agent 定义与结构

(1) Agent 定义。

由于 Agent 的概念的内涵和外延非常广泛,其定义目前还有很多争议。一般认为:Agent

能根据外界环境的变化,自动地对自己的行为和状态进行调整,而不是仅仅被动地接受外界的刺激,具有自我管理自我调节的能力。它具有自治性、反应性、社会性、主动性等基本特性。

(2)Agent 结构。

Agent 的分类方式很多,从结构上来说,可以分为意识型 Agent(deliberative agent)、反应型 Agent(reactive agent)和混合型 Agent(hybrid agent)。

意识型 Agent 是基于 Simon 和 Newell 的物理符号系统假设,Agent 维持着对世界的内部表示,具有能用一定形式的符号推理加以修正的心理状态,其基本结构如图 3-4 所示。它包含了世界和环境的显式表示和符号模型,这种符号模型用逻辑符号为现实世界建模,通过基于模式匹配和符号操作的逻辑或伪逻辑推理来进行决策。意识型 Agent 的最大特点就是将 Agent 看作一种意识系统,人们设计基于 Agent 系统的目的之一就是把它作为人类个体或者社会行为的智能代理,那么 Agent 就应该能够模拟或者表现出被代理者具有的意识态度,如信念、愿望、意图(包含联合意图)、目标、承诺、责任等。Chapman 在 1987 年用理论证明这种方法不能实现实时系统,使人们对符号式人工智能的能力产生了怀疑,于是出现了反应型结构。

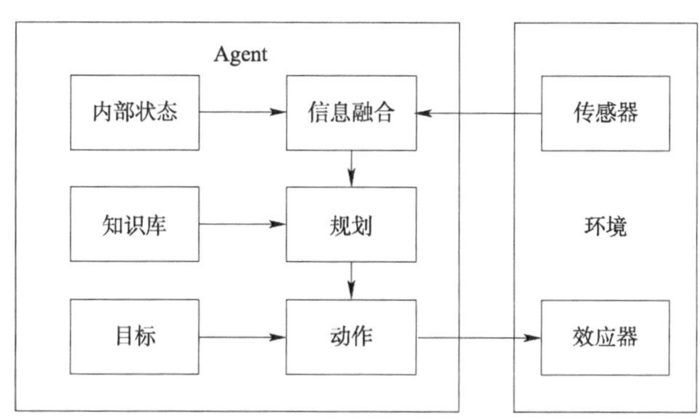

图 3-4　意识型 Agent 基本结构

反应型 Agent 起源于 Brooks 一个成功的例子——Brooks 的“机器虫”。它最主要的特点是 Agent 不包括任何符号世界模型表示,不使用任何复杂的符号推理机制,直接根据传感输入进行决策,是一种基于刺激-行为的反应模型,其基本结构如图 3-5 所示。反应型 Agent 的提倡者们认为,Agent 的智能取决于感知和行动,从而提出 Agent 的智能行为的“感觉-动作”模型。他们认为,Agent 不需要知识,不需要表示,也不需要推理,Agent 可以像人类一样逐步进化,Agent 的行为只能在现实世界与周围环境的交互作用中表现出来。他们还认为,符号人工智能对于真实世界客观事物及其工作模式的描述是过于简单化的抽象反映,因而不可能是真实世界的客观反映。

混合型 Agent 是反应型 Agent 和意识型 Agent 的结合。反应型 Agent 能及时地响应外来信息和环境变化,但其智能程度较低,也缺乏足够的灵活性;意识型 Agent 具有较高的智能,但无法对环境的变化做出快速响应,而且执行效率相对低。混合型 Agent 综合了两者的优点,具有较强的灵活性和快速响应性,既能实现面向目标的长远规划,又具有实时性的特点。

混合型 Agent 系统通常被设计成至少包含如下两部分的层次结构：上层是一个包含符号世界模型的认知子系统，用于规划和决策；下层是一个能快速响应和处理环境中突发事件的反应子系统，它不使用任何符号表示，不需要复杂的推理过程。一般情况下，反应子系统要比认知子系统有更高的优先级，以保证整个系统能对重要事件立即做出反应。Touring Machines 的混合型 Agent 结构由感知和行为子系统，以及三个控制层组成。感知和行为子系统直接同场景接口交互；三个控制层分别是反应层、规划层和建模层，其中反应层是基于反应型 Agent 思想设计的，其他部分则基于意识型 Agent。三个控制层之间可以互相通信，并有一个协调它们的控制框架，以解决可能产生的冲突。采用分层结构需要处理的主要问题是各层应该采取什么样的控制框架及各层之间应该如何交互。图 3-6 是比较常见的混合型 Agent 结构模型，它较全面地反映了 Agent 的结构特点，因此成为研究和实现 Agent 时重要的参考模型之一。

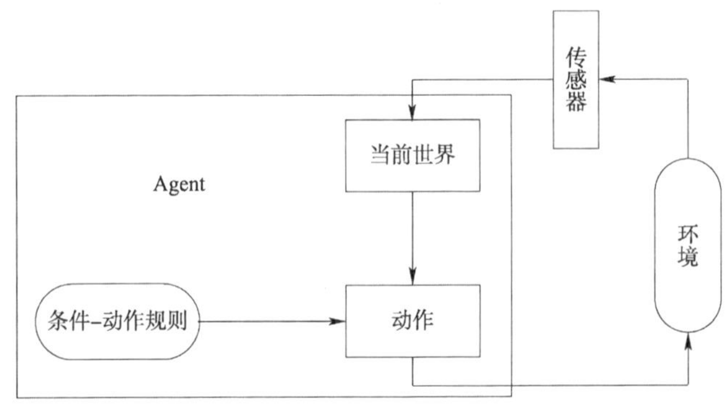

图 3-5　反应型 Agent 基本结构

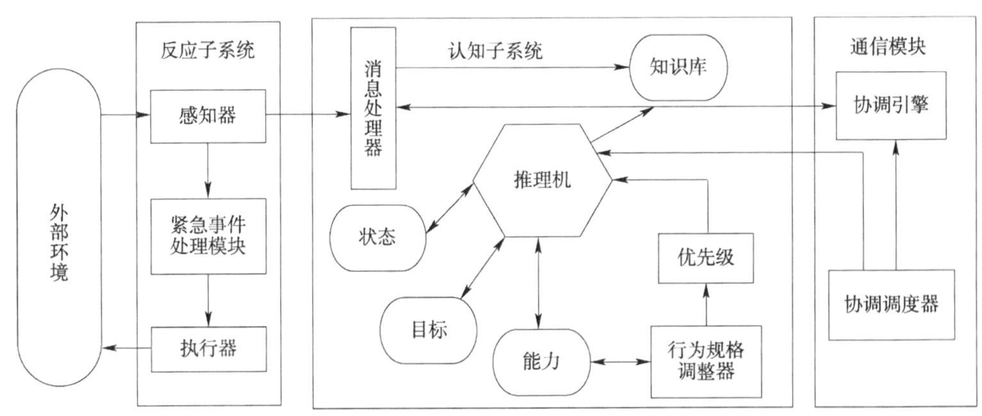

图 3-6　混合型 Agent 基本结构

单个 Agent 在实际应用过程中有其局限性：很多情况下它只能在有限范围内对环境变化实现部分功能的自适应和实时响应，而缺乏对整体系统需求改变的应变能力，因而实际应用中经常采用多个 Agent 组成多 Agent 系统。

2. MAS 系统

MAS 是由多个自治或半自治的 Agent 组成的系统。其中的 Agent 各自拥有独特的目标结构，可以按照约定的语言和协议与其他 Agent 进行通信合作，完成超越单个 Agent 能力的复杂问题求解。

MAS 的核心思想就是通过个体 Agent 之间的相互作用,使 MAS 作为整体的问题求解能力大于各 Agent 个体所具有的问题求解能力的简单相加。其主要特征表现在:①协作性,MAS 中的 Agent 可以相互协作,解决单个 Agent 无法解决的问题;②并行性,MAS 可以通过 Agent 间的异步并行活动,提高处理复杂问题求解的质量和效率;③健壮性,MAS 不依赖于某个单一的控制器去协调所有的任务,不会像集中控制那样因为某一控制器的崩溃而导致系统瘫痪;④易扩展性,MAS 松散耦合的特征,保证了其组件的可重用性和可扩充性;⑤分布性,MAS 的数据、资源分散在系统环境的各个 Agent 中,表达了系统描述问题的分布性。

在 MAS 中,各 Agent 成员的活动是自治的和独立的,其自身的目标和行为不受其他 Agent 成员的限制,它们通过竞争或协商等手段协调解决各 Agent 成员的目标和行为之间存在的矛盾与冲突。每个成员 Agent 仅拥有不完全的信息和问题求解能力,不存在全局控制,数据信息也是分散的或分布的。

最早的 MAS 研究为 20 世纪 80 年代中期的 Actors 模型,以及 Davis 和 Smith 提出的合同网协议,目前合同网协议仍是关于 MAS 通信、协商研究的经典工作。在多 Agent 系统中,是以多个 Agent 协同工作来求解问题的,因而其意识态度的交互就成为首要解决的问题。每个成员 Agent 都需根据其他 Agent 的意识态度进行推理、合作,这些协同、协商和协作行为是在各 Agent 的精神状态的支配和控制下才产生、完成的。与共享精神状态相关的理论主要涉及相互信念、联合目标和联合意图等概念,其中以联合意图为代表,即 Agent 间的公共知识。联合意图是实现共享联合目标的方法,成员间要相互承诺,并及时把各自的成功或失败通知给其他成员。Jennings 提出以承诺和公约(convention)来实现联合意图,并建立了协作问题求解系统的形式化框架。

3. MAS 组织结构

MAS 是由多个自治或半自治的 Agent 组成的系统。其中的 Agent 各自拥有独特的目标结构,可以按照约定的语言和协议与其他 Agent 进行通信合作,完成超越单个 Agent 能力的复杂问题求解。

MAS 的组织结构为 Agent 各个成员提供了一个相互之间进行交互的框架,为每个成员 Agent 提供一个多 Agent 群体求解问题的整体观点和相关信息,以便合理地分配任务并使这些成员 Agent 能够协同工作,共同为系统服务。在开放、动态环境中,组织结构的适应性十分重要。

MAS 中 Agent 间的交互框架直接影响着 Agent 和 MAS 智能性的发挥,也影响着整个系统的性能。合适的交互框架选择一般视不同的应用而定,通常区分为完全集中式、完全分布式和协同式三种形式。

(1)完全集中式。

图 3-7 描述了完全集中式 MAS 的组织结构。在这种组织模式下,MAS 中有一个主控 Agent,具有极强的决策能力和权威,控制着全局数据的一致性并拥有所有的决策权,与其他 Agent 之间存在着一种主从关系。这种结构的优点是可以降低系统的复杂性,减少 Agent 间由协商产生的通信开销;缺点是对主控 Agent 的要求很高,如果系统中各 Agent 的行为比较复杂,或者 Agent 的数目比较多,那么得出一个全局一致的行为规划是极为困难的。因此,

这种结构不适合动态、开放的环境，只适于系统规模不大、系统环境相对明确的环境。

(2)完全分布式。

图 3-8 描述的是完全分布式 MAS 的结构，MAS 中所有的 Agent 是独立自治的，彼此间是完全平等的关系，需要合作时 Agent 间可直接进行通信。这种结构可扩展性强，可以充分发挥各 Agent 的自治能力；缺点是通信量大，它要求 Agent 有较强的自适应能力或通信能力。适用于规模大、通信基础设施和技术容易实现的系统。

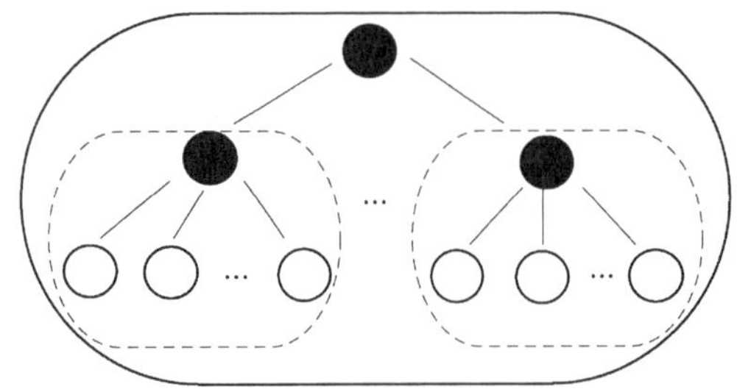

图 3-7　完全集中式 MAS 结构

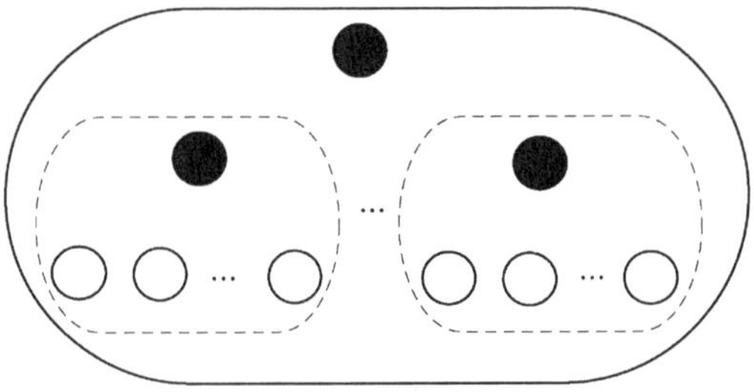

图 3-8　完全分布式 MAS 结构

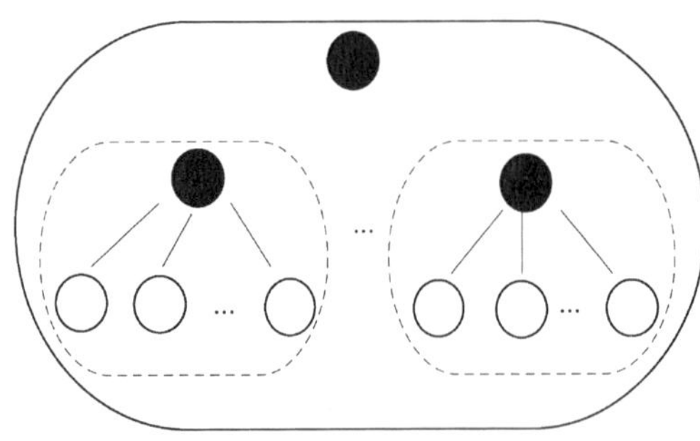

图 3-9　协同式 MAS 结构

(3)协同式。

图 3-9 描述的是协同式 MAS 的结构，它是集中和分布混合使用的一种结构形式。一方面，它可以将系统看成是由多个不同的联邦组成，以这些联邦为构成单元所组成的系统是完全分布的；另一方面，对每个联邦而言，它是由多个 Agent 组成的一个子系统，其中的控制由某个称为 Facilitator 的 Agent 负责，属于完全集中式的控制结构，不同联邦间的通信在各联邦的 Facilitator 间进行。

三、车辆编队模型设计

1. 车队组织结构与 Agent 角色设计

车队的主要目的是维持车队稳定，增强驾驶安全性和帮助车队成员顺利、快速到达各自的旅行目的地。为此车队需要进行一系列活动，根据活动特性，本书将它们分为经常性活动和任务性活动。经常性活动主要包括前方紧急事件监测与响应、车队纵向驾驶等，由车队“leader”负责，全体车辆参与，属于车队基础性活动，伴随着车队诞生而存在、消亡而结束；任务性活动则是由于编队、分离、换道等需求触发而进行的短期的局部性活动，因需求偶发性而带有不确定性，可有多个任务性活动同时发生，但它们之间会互相产生干扰，严重时可导致车队紊乱。为了让这些活动顺利进行，需要建立一定的组织构架对这些活动进行管理。在上一章研究车队纵向驾驶中，将车队成员划分为“leader”和一般成员，并由“leader”来主导车队纵向驾驶，使车队具有初步的组织结构。本章将继承这种组织结构，将“leader”扩充为车队活动管理中心负责车队所有活动的管理，如图 3-10 所示。为了减轻“leader”的负担和减少车队成员对“leader”的依赖，本书只让“leader”负责对任务型活动的管理，如任务分配、资源分配、启动与结束活动、监控活动情况等,而不负责具体执行活动的规划与协调。

在设计多 Agent 系统时,本书首先要考虑的就是如何将系统中各实体抽象为 Agent,即 Agent 的粒化和分解问题。根据车队组织结构和实体特征,将车队中每辆车抽象为一个 Agent 是较好的选择。为了减少复杂度和推理,本书在 MAS 系统中引入角色的概念,给在特定车队活动中负有特定抽象任务的对象赋予一定角色。角色概念的引入简化了个体车辆 Agent 行为设计,减少车辆 Agent 对环境反应的行为选择的复杂度,使 Agent 更容易做出决策,方便整个活动中车辆 Agent 间的协作。活动中不同角色的 Agent 各司其职,在一定程度上消除了 Agent 之间的冲突,从而增强了系统的鲁棒性。

本书主要研究车辆编队活动,结合车辆编队问题描述和车队组织结构提出如图 3-11 所示的组织结构。

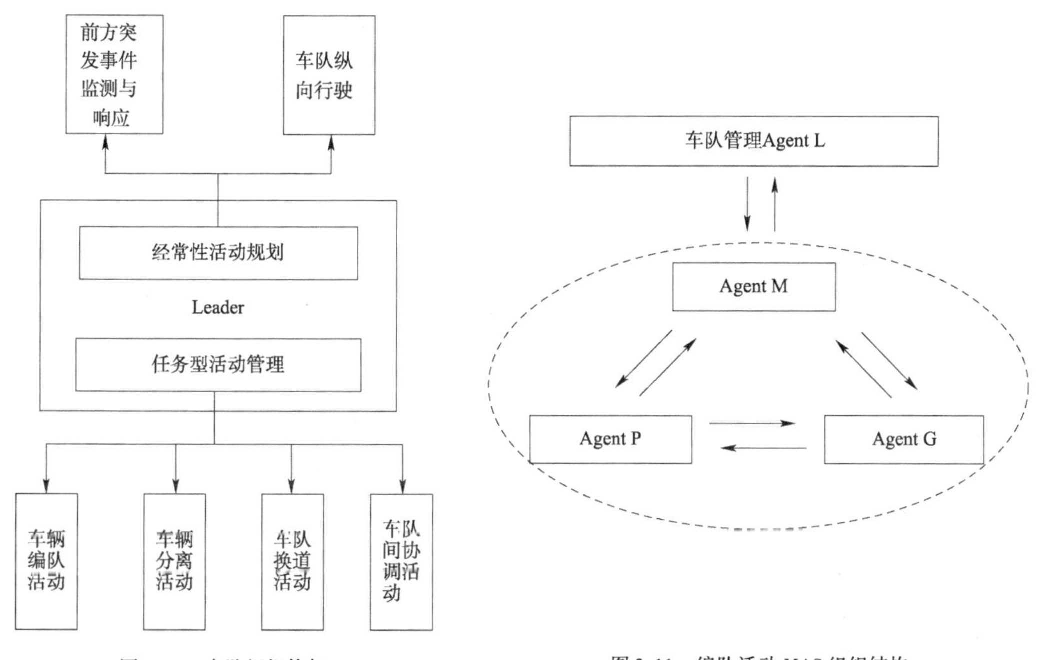

图 3-10　车队组织构架

图 3-11　编队活动 MAS 组织结构

在该编队活动中涉及的角色 Agent 如下:

Agent L:车队管理者。在编队活动中,确定是否接受 Agent M 的加入请求;与车队成员协商替 Agent M 寻找合适位置;确定编队成员,分配任务,并让它们组成编队子团队,帮助 Agent M 实现加入车队。Agent L 在具体执行活动中起监控和仲裁的作用。

Agent M:编队活动的发起者,由它向 Agent L 发出加入申请而导致编队活动,也是编队子团体的主要成员。在车道变换前,需要在 Agent P 的帮助下进行速度调整和确定换道初始位置;在车道变换过程中,规划路径,并在与 Agent P、Agent G 的协调中完成车辆换道,从而加入车队中。

Agent G:在车道变换前,为 Agent M 创造换道空间;在车道变换过程中,与 Agent M 进行位置和速度协调。

Agent P:主要负责提供参照信息,帮助 Agent M 实现速度调整与换道初始位置确定,并在路径变换过程中与 Agent M 进行位置和速度协调。

观察 Agent：车队中除了 Agent G、Agent P、Agent L 的 Agent 成员，要根据各自局部信息来预测过程中的危险因素。

2. 编队活动流程设计

车队管理者 Agent L 审批通过 Agent M 向车队提出的加入申请后，替 Agent M 寻找合适的成员作为协作伙伴（Agent G、Agent P），让它们组成编队活动小组，并分配给该编队活动一定的通信资源。在编队活动小组中，Agent M、Agent G、Agent P 各自扮演自己的角色，密切配合，实现 Agent M 的位置调整及加入车队的目的，最后调整它们之间的间距，并停止它们在编队活动中的角色。具体分为以下几个过程，如图 3-12 所示。

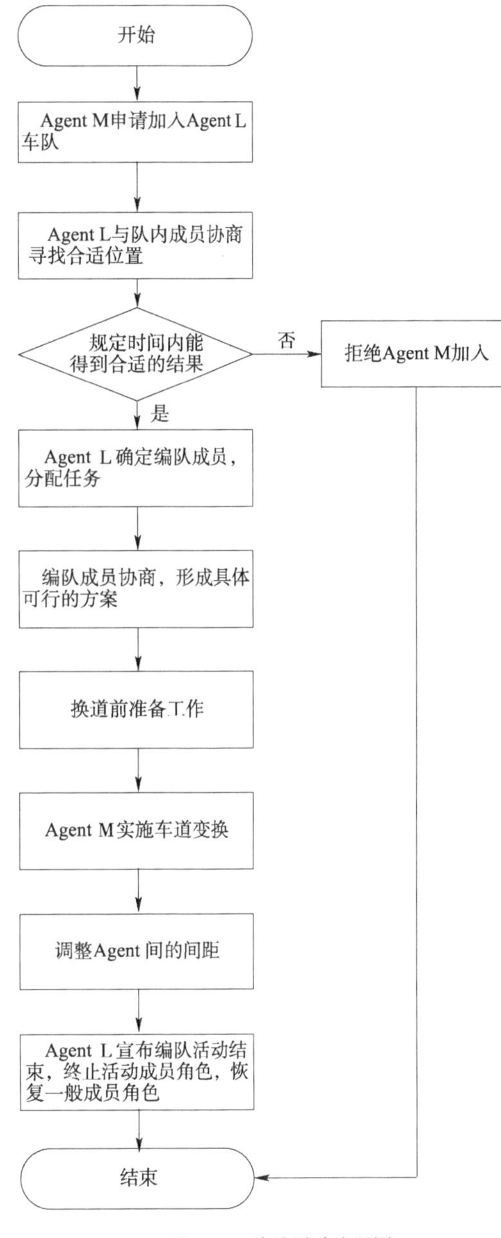

图 3-12　编队活动流程图

（1）受理 Agent M 的申请。Agent M 向目标车队管理者 Agent L 发送申请加入的信号。Agent L 会根据车队目前总体情况，例如车队成员数目是否饱和（由于车队稳定性随队列变长而降低，因此一般将车队长度控制在一个合理范围内），粗略判断是否再接受车队成员。如果条件许可，就与队内成员协商，寻找合适的位置。

（2）判断是否接受 Agent M。为了应对编队事件实时性要求，Agent L 需要在较短时间内对 Agent M 的请求做出回应。所以本书对这一协商过程设定了时间限制条件。如果 Agent L 在有效时间内不能得出结论或得出没有合适 Agent M 的位置的结论，就拒绝 Agent M 的请求，反之就接受 Agent M 的请求。

（3）分配任务角色。紧密的线性车队结构决定了 Agent M 要加入车队中指定位置，必须得到相关成员的协作。Agent L 根据协商的结果和成员位置关系来确定编队成员及它们的角色。

（4）编队成员之间协商，确定具体方案。编队成员之间形成子协作团队，各成员之间根据各自角色和当前成员状态来进行有目的的协商，确定详细的编队方案。例如，Agent G 明确在 XX 时间内创造出足够的换道空间（如果 Agent M 从队尾加入车队，则没有 Agent G 角色）；Agent M 会在具备足够的换道空间后，才进行换道等。

（5）换道准备。编队子团体中各成员根据协商结果为 Agent M 换道加入车队做准备。例如，Agent G 在规定时间内完成换道空间的创建；Agent M 在换道前调整自己的速度、位置等。

（6）Agent M 实施换道。Agent M 根据空间约束和时间约束来规划路径方案并实施，完成加入车队的过程。在车道变换过程中，与 Agent G、Agent P 进行实时速度和位置协调，以保证编队活动安全。

（7）编队成员之间的间距调整。通常在 Agent M 完成路径变换后，它们之间的间距比正常间距存在一定出入，于是需要将它们之间的车间距调整到正常间距。

（8）结束。编队活动结束后，Agent L 取消 Agent M、Agent G、Agent P 的编队活动角色身份，让它们恢复一般成员身份。

四、车辆编队中的 MAS 协调问题

多 Agent 系统中的协调问题是指如何管理 Agent 动作之间的内部依赖关系。如果 Agent 参加的动作中存在任何方式的相互作用，那么一定的协调机制是必需的。在多 Agent 系统中，由于各 Agent 之间存在合作的可能性，因此 Agent 之间的协调合作是必需的。Jennings 在对多 Agent 之间为什么需要协调的分析中总结出以下 3 个主要的原因。

（1）在 Agent 的行为之间有依赖关系。当作业任务被单个 Agent 承担时出现相互依赖，或者是因为有一个 Agent 做出的局部决定会对其他成员的决定有影响时，Agent 之间就存在相互的依赖关系。同样，当两个 Agent 之间出现资源冲突和障碍避免时，也会存在行为之间的依赖关系。例如两个移动机器人试图同时穿过一个很窄的出口，导致冲突，对机器人本身造成伤害的同时也会妨碍出口的通行。

（2）需要建立全局约束。当解决问题的方法被一组 Agent 分担，要成功则必须满足一定的条件。于是就要有一个全局约束的问题，以解决多个 Agent 合作完成一件事情。如果单个 Agent 独立的行动仅仅解决它们局部的问题，对于解决庞大的、由多个 Agent 共同完成的任务时，只能通过协调行为才能使问题得到解决。

（3）没有单个的 Agent 具有足够的能力和资源解决整个问题。很多问题不能单独被解决，因为它们不具备必需的专门技能、资源或信息。不同的 Agent 有不同的资源和专项技能，解决一个复杂的问题会用到各方面的资源。

在多 Agent 系统理论中，关于多个 Agent 之间的协调合作及共同适应问题是核心。它研究如何将多个 Agent 组织成一个群体并使各个 Agent 有效地进行协调合作，从而产生共同的适应行为，达到从总体上解决问题的能力。较常用的协调机制有组织结构化（organizational structuring）、合同网协议（contact net planning，CNP）、多 Agent 规划（multi-agent planning）、部分全局规划（partial global planning，PGP）等[34,35]。

组织结构化明确地规定了系统内各 Agent 的能力、责任、控制关系等，适用于采用 master/slave 模型建模 MAS，这种控制在一定程度上降低了系统的可靠性、并发性和健壮性。

合同网协议是一种分布式问题求解的管理框架，首先是由 Stanford 大学的 Smith 在 1980 年提出，后来被广泛应用于多 Agent 系统的协调中。合同网协议是一种动态的任务分配方

法，通过任务招标、投标和订立合同进行协调。合同网协议是一种高层协调策略，同时也提供了任务分配的方法，适用于以下情况：应用任务具有预先定义的分层特性；问题具有粗粒度的分解；子任务间耦合度低。其缺点是 Agent 间通信频繁，通信代价会降低系统的执行效率。

多 Agent 规划的问题求解分为两个过程：规划过程和执行过程。规划过程是指针对某一任务，求取完成该任务的动作序列（串行、并行或串并行）。执行过程是指按计划实现问题求解，并监控问题求解的进行。当出现意外情况而计划无法执行时，调整行为计划或再规划，直至任务完成。目前多 Agent 规划的研究热点为在动态环境下由 Agent 构成的多 Agent 系统如何进行灵活和有效的协调。

部分全局规划（PGP）提供了一种灵活的概念及协调分布式问题求解的方式。其最重要的特点是多 Agent 系统工作时每个 Agent 的能力是给定的，多个分布式 Agent 为整个问题求解工作。其基本思想是各 Agent 求解任务之前，先建立局部计划，然后和其他 Agent 进行通信并交换规划，将对全局目标有用的一些局部计划集成在一起，修改和优化部分全局规划。PGP 为 Agent 提供了相互之间的灵活协调，从而保证问题求解行为的一致性。每个 Agent 都维护自身的 PGP 且独立异步地通过 PGP 协调各自的行为。

在编队活动中，需要处理以下两个协调问题：一是 Agent L 需要将协助 Agent M 的任务分配给合适的成员 Agent 去完成。它根据任务客观条件约束、各个 Agent 成员的状态约束，并考虑公共法则等为 Agent M 寻找合适的协作伙伴，并让它们形成编队活动小组。二是需要协调编队活动小组中各个角色 Agent，让它们相互配合，顺利完成任务。这是一个分布式实时系统，Agent 必须能够理性地适应不断变化的问题求解环境，需要把 Agent 之间的相互作用、时间的软硬期限、资源需求、执行效果、将来可能的动作等量化加入各 Agent 的思考和推理中，从而有机协调完成全局目标。

比较上述常用的多 Agent 系统的协调机制，对于关于任务分配的 MAS 协调问题，比较适合用合同网协议，本书将采用合同网协议来处理编队活动中第一个协调问题，并针对该协议存在的问题进行改进，使之符合要求。然而对于第二个问题来说，这些常用协调机制并不能够很好地满足分布式实时系统中 Agent 之间的协调，但在研究中发现通用部分全局规划（GPGP）支持实时约束，并能为实时 Agent 提供比较灵活的协调机制。于是，本书将在多 Agent编队协调框架中选择使用基于 GPGP 和 CNP 的协调机制，并在下一节详细论述。

第三节　基于 GPGP 和 CNP 的编队任务协调

一、TAEMS 语言和 GPGP 协调理论

在基于规划的 MAS 协调机制 PGP 的基础上，美国 UMASS 大学的 Decker 和 Lesser 教授提出一种通用的 Agent 协调方法和关于任务分析和环境建模及仿真的语言（TAEMS）。他们认为：抽象地来看，不同领域任务的活动内容虽然不同，但是活动之间的关系是相同或者类似的，对这些相同或类似关系的处理也可以是相同或类似的，进而，这些活动的执行单元的协调机制也可以相同和相似。而在实际应用中，任务关系的类型是有限的，可以针对这些有

限的任务关系类型开发相应的协调方法。因此,可以开发统一描述任务、活动间关系的语言,针对各种关系应用相应的协调方法。于是,Decker 等提出了一种独立于问题领域的图形化的任务描述语言 TAEMS 和通用的 GPGP 协调机制库。

1. TAEMS 任务描述语言

TAEMS(task analysis,environment modeling and simulation)是一种独立于领域的任务模型描述语言,可以用来描述复杂问题和推理过程。它已经被应用于多 Agent 协调的研究及其他研究项目,如协作信息收集、资源管理与调度、软件进程的协调等。TAEMS 模型是对问题求解过程的层次化抽象,描述了主要任务、主要决策点、任务间的关系、资源限制及完成特定目标的候选途径。在应用中,由应用问题解决器构造 TAEMS 模型,形成描述问题解决过程的树型任务结构:根节点为特定任务,中间节点为逻辑子任务,叶子节点为可执行方法即原子行为。这些可执行方法具有三维的统计性能特征,包括质量、成本和执行时间。质量表示该方法对于解决整个问题的贡献,是与特定领域无关的抽象概念;成本描述执行该方法的经济成本和机会成本;执行时间则表示执行该方法所需的时间。问题求解器可通过估计原子行为的性能特征来进一步地学习和推理,逐步求得满意解,尤其是当意外事件发生时,可以进行重新规划和调度。

在本书的研究中,TAEMS 将用来进行对任务的分解、关系描述和 Agent 能力的表达。可以用任务组(Task Group)代表 Agent 应该完成的目标。任务组在外观上可以看作是一棵树(本质上是一个偏序有向图)。在此用 T 表示一个 Task Group,即根任务。$T=[T_1,T_2,\cdots,T_n]$,$T_i(1\leqslant i\leqslant n)$表示 T 的直接子任务。图 3-13 为一个用 TAEMS 描述的任务结构图。

图中 Sum 和 Min 为质量增长函数(quality accumulating functions,Qafs),从叶节点开始依次逐级向上累计,最后得到整个 Task Group 的任务质量。图中的 Enables 弧代表 T_1 和 T_2 之间的交互关系:T_2 必须在 T_1 完成之后才能执行,即 T_1 使能 T_2。另外 TAEMS 中任务的交互关系还包括 facilitate、hinder、disable、limited by resource 等。任务组 $T=[T_1,T_2,\cdots,T_n]$ 中的每个任务都有到达时刻 Ar(T)和截止期 D(T)。每个任务都由一些相关的子任务构成,子任务执行的结果将影响父任务的质量。建立在子任务关系基础上的任务质量 $Q(T,t)$ 为递归函数,每个子任务又包含子任务,直到可执行方法。

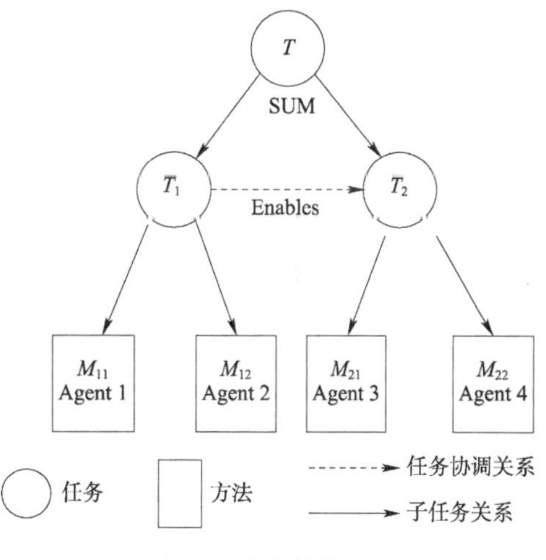

图 3-13　任务结构图

任务的质量归纳了真实系统中的行为或结果的可能特性,如结果的确定性、精确性、完整性和及时性等。质量的量化与应用紧密相关,需要具体情况具体分析。质量增长函数 Qafs 不仅可以描述质量增长,还暗含子任务的相互关系。下面介绍几种常用的质量增长函数 Qafs。

(1) Minimum。

相当于“AND”的关系。父任务的质量一直保持最小值,直到每个子任务都完成。则父

任务的质量(或其他参数)取决于其子任务(包括方法)中质量最小的那个,父-子任务关系可以表示如下:

$$Q_{\min}(T,t)=\min_{T_i\in T}Q(T_i,t)$$

式中,在 t 时刻,父任务的 Quality 是由子任务的最小 Quality 决定的。

(2)Maximum。

相当于“OR”的关系。父任务只需其中一个子任务的执行即可。此时,父任务可以选择其子任务中结果最大的一个来执行。

$$Q_{\max}(T,t)=\max_{T_i\in T}Q(T_i,t)$$

式中,在 t 时刻,父任务的 Quality 是由子任务的最大 Quality 决定的。

(3)Sum。

表示父任务的质量是其子任务质量的和。这里,子任务的执行顺序与父任务无关。

$$Q_{\Sigma}(T,t)=\sum_{T_i\in T}Q(T_i,t)$$

式中,在 t 时刻,父任务的 Quality 是由其所有子任务的 Quality 之和决定的,而且,子任务的完成顺序与父任务的质量无关。

(4)Seq_sum。

父任务的质量是其子任务质量之和,但子任务必须按一定顺序执行,即该质量增长函数暗含了对子任务执行顺序的要求。类似的质量增长函数还有 Seq_min、Seq_max 等,利用质量增长函数可根据应用的不同需要为任务进行结构建模。任务最终由可执行方法来完成。每个可执行方法 M 在实际耗费时间 $d(M,t)$后,在时刻 t 可能会产生质量 $q(M,t)$(前提为该方法的执行是不可剥夺的)。这样如果确定了各级子任务的质量增长函数,就可以通过它们逐级计算一个任务树中各个节点的质量。在本书中,并没有考虑如何计算任务的质量,只是通过质量增长函数来确定任务之间的关系。

2. GPGP 协调理论

GPGP 是对 PGP 的扩展,是 Decker 于 1995 年在其博士论文中首次提出的一种通用化的 Agent 系统协调机制。该协调机制可以实时协调 Agent 间的行为。它的核心是一组可扩展的模块集合,每个模块对应不同的策略,Agent 可以根据需要使用里面的任意子集。它是由 5 种基本机制组成,并且在特定情况下还可以扩充机制库。其协调过程是:相互通信构造当前问题解决状态的局部视图,交换规划结果,创建或是消除与其他 Agent 的承诺。

(1)Commitment 承诺。

应用 GPGP 协调机制协调 Agent 的活动的结果是在 Agent 间达成承诺[在任务的接受方,既称为非本地承诺(NLC)又称为虚拟任务,对调度单元添加约束等]。承诺可分为 3 种:

①Do 型承诺:$C[Do(T,\ q)]$,C 代表承诺 Commit,它的意思是 Agent 承诺去完成任务 T,并且任务 T 的完成质量大于或等于 q,即 $Q(T,\ t)\geqslant q$。

②Deadline 型承诺:$C[DL(T,q,t_{dl})]$,它的意思是任务 T 必须在时间 t_{dl}之前完成,并且完成质量要大于或等于 q,即 $Q(T,t)\geqslant q\cap[t<t_{dl}]$。

③Earliest Start Time 型承诺(EST):$C[EST(T,\ q,\ t_{est})]$,它的意思是任务 T 必须在时刻 t_{est}之后开始,并且质量要大于或等于 q。

(2)协调机制。

①机制1:更新非本地视图。

每一个 Agent 仅具有整个系统任务的局部主观视图,为了与系统的各个局部任务进行协调,Agent 应该相互通信,交换局部任务视图,获得当前任务的非本地视图。若任务之间的相互关系是客观存在的,通过信息交换,Agent 发现各自所拥有的任务之间的相互协调关系,因此当新任务到来时,相关 Agent 必须交换各自的局部任务视图,检测其中的任务间协调关系,以便对自己的局部行为做出符合全局利益的规划。

设 P 为 Agent A 的局部任务的集合,x 为其中的某个任务,Ags 为系统中所有 Agent 的集合,$Ar(x)$ 表示任务 x 的到达时间,$B_{At}(x)$ 表示 Agent 在 t 时刻具有相信 x 能够实现,则当满足:

$$\{x \mid [task(x) \land \forall a \in Ags \backslash A] \neg B_A[B_a^{Ar(x)}(x)]\}$$

将检测到存在的 Agent A 与其他 Agent 的局部协调关系(local coordination relationships, LCR):$LCR = \{r \mid (T_1 \in P) \land (T_2 \notin P) \land [r(T_1,T_2) \lor r(T_2,T_1)]\}$。这样 LCR 将返回一种关系 r,假设存在这样一种关系 $r(T_1,T_2) \in LCR$,那么 r 和 T_1 将通过 Agent A 的通信传到 a 中去。

②机制2:沟通结果。

当不能提供问题求解所需的数据而使得某一个 Agent 不能完成某项任务,此时要进行 Agent 间的协调,交换协调的结果,从而使 Agent 能够继续完成所需的任务。沟通方式可以有三种:其一,只沟通本质上满足义务条件的结果;其二,发送所有的结果;其三,将结果发送给感兴趣的 Agent。

③机制3:避免冗余活动。

在多 Agent 系统中,有时一个任务可由不同的 Agent 来完成,这时出现冗余。此时可以采用不同的方法处理,比如各 Agent 将预测处理此任务的结果质量或时间等,优者来完成此任务;或简单地随机选取一个 Agent 去完成。

④机制4:处理硬协调关系。

硬协调关系是一种强制性的关系。比如,一个 Agent 的行为将严重破坏或干扰其他 Agent的行为,此时这种关系必须被处理,进行重新规划或重新调度。enables(M_1,M_2)是一种硬协调关系,在 GPGP 中用 HLCR⊂CR 表示潜在的硬协调关系集合,执行方法 M_1 的 Agent 根据自身调度 S,在本地做出关于最早完成时间 t_{early} 和完成质量 Q_{est} 的承诺,并同时对其他执行 M_2 的 Agent 做出社会承诺:

$$\{Q_{\text{est}} > 0\} \land \{enables(M_1,M_2) \in HLCR\}$$

$$\Rightarrow \{C[DL(M_1,Q_{\text{est}},t_{\text{early}})] \in C\} \land \{comm[C,Others(M_2),t] \in I\}$$

其中,$Q_{\text{est}} = Q_{\text{est}}[M_1,D(M_1),S]$

⑤机制5:处理软协调关系。

软协调关系是一种非强制性的关系。如对某些“非关键性任务”的处理,或某个 Agent 的行为对其他 Agent 产生积极或消极的影响,但不是关键性的影响。对这样的关系,既可以置之不理,也可进行重新调度等动作。例如 facilitates(M_1,M_2,Φ_d,Φ_q)和 hinders(M_1,M_2,Φ_d,Φ_q)都属于这种软协调关系。虽然软协调并不是关键性的影响因素,然而对这种关系的处理却体现了调度的能力和水平，是对系统性能的优化。

二、基于 GPGP 和 CNP 的编队任务协调框架

1. Agent 基本结构

为了满足 CNP 和 GPGP 协调机制，MAS 中 Agent 应该具有三个基本模块：协调模块（Coordination Module）、知识库（Knowledge Database）、本地调度器（Local Scheduler）[40,41]。它们的主要功能分别为：

（1）协调模块：由 CNP 和 GPGP 协调机制组成，实现任务分配、协调 Agent 任务之间的各种关系。

（2）知识库：保存本地任务视图信息，该信息可以随着时间的变化而发生变化。

（3）本地调度器：根据知识库的内容，将承诺、虚拟任务（非本地承诺）、约束和本地任务一起考虑，依照一定的策略指定调度计划并监测任务的执行。

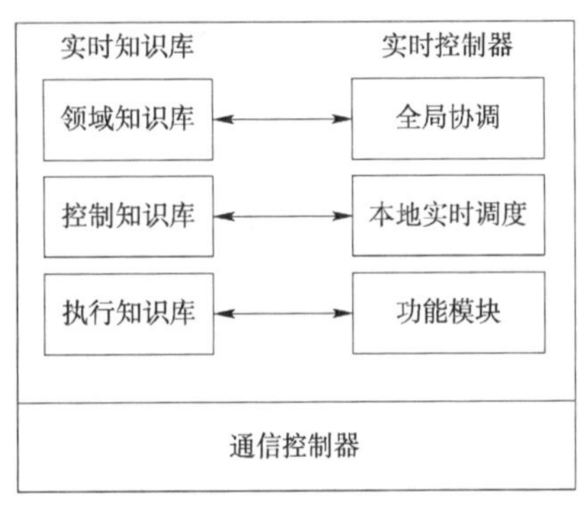

图 3-14　基于 GPGP 的实时 Agent 结构

为了满足 Agent 实时处理和实时控制的需求，本书在设计角色 Agent 时对这些模块进行了实时扩充，从而保证在截止期前完成任务并产生满意结果。其结构共分为三层：全局协调层、本地实时调度层、功能模块层。而相应的实时知识库是按照领域知识库、控制知识库、执行知识库来组织的。如图 3-14 所示。

对于编队成员来说，当新的任务到达后，通过全局协调来与子编队团队中其他相关 Agent 通信，获得本地局部全局任务结构视图（包括本地承诺和非本地承诺），将任务及任务的可执行方法用任务模型 TAEMS 描述，然后将生成的任务模型作为本地实时调度的输入。本地实时调度器根据一定的调度策略输出可执行序列，该序列包括必须完成的操作。最终，可执行序列交由功能模块执行。

然而，对于车队中“leader” Agent 来说，主要通过全局协调来分配任务和处理冲突，其次是与它所在子系统中其他 Agent 协调，获得本地局部全局任务结构视图。它的本地实时调度和功能模块功能与其他成员基本相同。

2. 多 Agent 调度框架

本书将编队任务协调大致划分为三个层次：全局控制层、编队子系统协调层、本地实时调度层，如图 3-15 所示。

（1）全局控制层：Agent L 将到来的编队任务进行粗粒度分解，并把它们通过合同网协议分配给合适的 Agent 成员，给任务设置时间窗口（Time Of Window），监控各个角色 Agent 的执行情况。

（2）编队子系统协调层：本层主要在编队子团队中实现基于 GPGP 的实时多 Agent 全局协调策略。利用 GPGP 协调机制来进行子系统内相关 Agent 活动的协调，促使任务能顺利完成。协调的结果为 Agent 之间形成虚拟任务或承诺，生成本地局部全局任务视图。

（3）本地实时协调层：根据编队任务的需求，进行本地任务协调调度，完成对其他 Agent

的承诺和自身的任务。

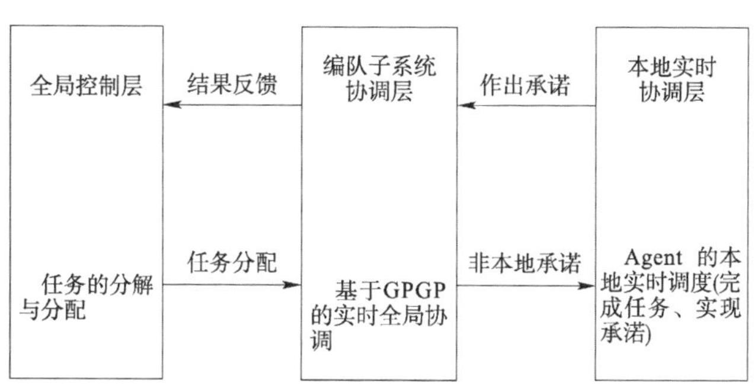

图 3-15　调度系统整体框架图

三、基于 GPGP 和 CNP 的编队任务协调

应用 GPGP 和 CNP 的 Agent 协同过程可以描述为[42,43]：①Agent L 应用合同网协议(CNP)建立 Agent G、Agent P 各自角色任务的求解承诺。②各个角色 Agent 构建本地任务结构视图。③各智能体交换任务视图，发现任务关系，应用 GPGP 协同机制形成承诺并重新规划局部行为，最终系统优化。④执行各种本地任务和由承诺而产生的虚拟任务。图 3-16 给出了基于 GPGP 和 CNP 的 MAS 协同过程示意图。

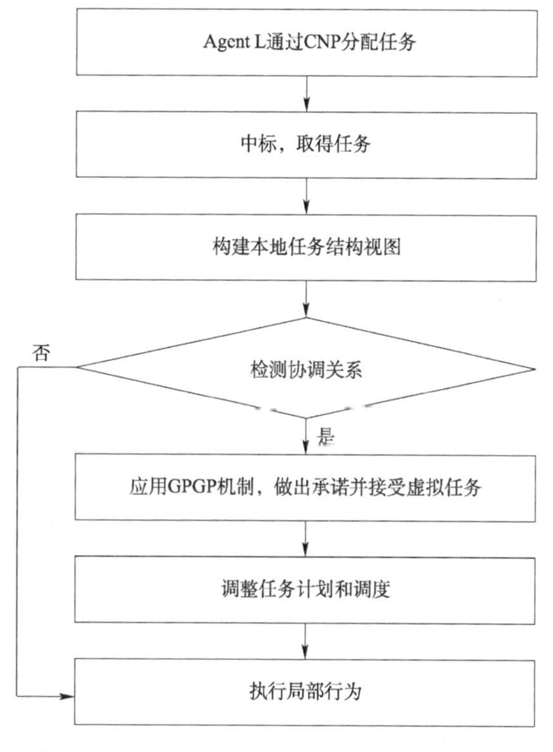

图 3-16　基于 GPGP 和 CNP 的 MAS 协同过程示意图

1. 基于合同网 CNP 协议的角色分配

经典合同网协议是由 Randall- Devis 和 ReidG- Smith 针对任务和资源分配提出的经典协调策略，是建立在一个非集中式结构基础上的。合同网中的主体由两种角色组成：管理器和承包商主体。合同网协议的基本工作过程如图 3-17 所示。

发布标书(task- announcement)：管理者 Agent 将所要完成的任务进行分解，并利用多点传输法或广播的方法，把相应的任务传送到相关的承包商 Agent。

投标(bid)：收到招标书的 Agent，根据自己当前的任务执行情况及能力进行投标。

评标(award)：管理者 Agent 评估收到的投标并选择合适的承包商主体，授予并签订合同。

执行(execution)：完成任务的多个 Agent，两两之间通过点对点的方式传递信息，协同工作，并将任务的执行情况和结果反馈给招标的 Agent。

在经典的合同网中，任务的产生、任务的分配、管理者以及承包商的产生均是动态的，系统的灵活性好。但传统的合同网协议中仍然存在着诸多不足，影响了实际协商过程及任务的分配效率。这些不足包括以下几个方面：

(1)在经典合同网协议中，为了最大限度地发现问题求解者并从中选择合适的最终问题求解者，管理者 Agent 需要将招标信息以广播方式发送给系统中所有的承包商 Agent，所有的承包商 Agent 均可以参加投标。这不但容易造成系统中通信频繁，管理者还必须对大量的投标申请做出评价，耗费了系统中的大量资源。可见，这种不加选择的标书公布方式不仅会造成管理者负载过重，还可能导致网络阻塞。

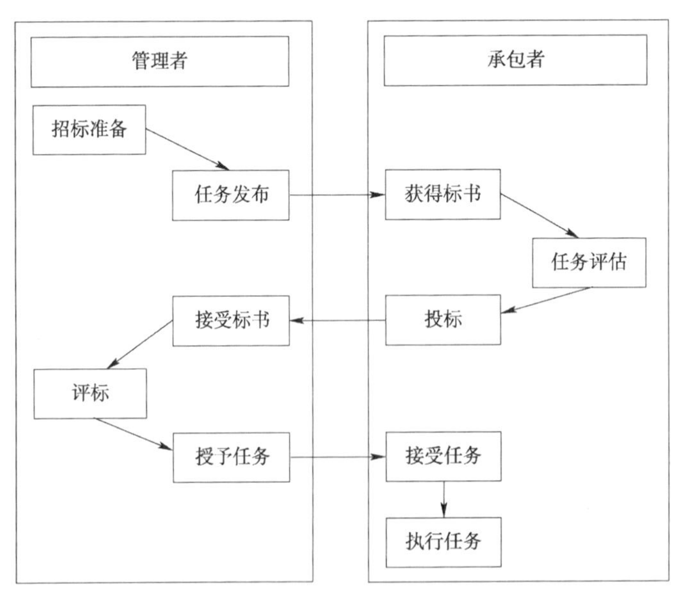

图 3-17　合同网协议基本工作过程

(2)经典合同网协议允许 Agent 无限制地处理并参与任何发起者的招标活动。然而，假设某一时刻，参与者参与了超过 30 个发标者的任务招标，而绝大多数情况下，10 个招标已经足以保证至少获得一项任务指派，此时，参与者对其他 20 个招标所做的计算和处理，以及发起者评估标书所消耗的计算代价都变得毫无意义，同时它们之间交换消息也成为毫无必要的行为。

针对经典合同网协议的不足，本书将主要从限制发标范围和限制接受标书数目两方面来进行改进，并使用改进后的合同网协议来处理编队任务中角色分配的协调。具体过程如下：

(1)制作标书和确定招标对象。

在 Agent M 未加入车队前，Agent P 与 Agent G 在车队中为前后位置关系(如果 Agent M 在车队的尾端加入，就不存在 Agent G 角色)，而且在车辆编队活动中，Agent P 通常只需要为 Agent M 提供参照信号，相对于 Agent G 角色来说处于次要地位。在考虑到通信问题及编队活动自身特点后，本书将 Agent G 作为重点角色对象来寻找，而将对 Agent P 的角色评估转换为对 Agent G 的考核条件来处理。

Agent L 在考核、选择 Agent G 时，需要考虑各投标 Agent 的适合度、承诺完成的质量等指标，因此各成员 Agent 在投标前需要考虑 Agent M 行驶路径重合度大小，Agent M 是否到达换道位置,预定时间内是否能完成任务及完成的质量等几个方面的问题。这样标书的内容大致包括 Agent M 的目的地、位置,编队最早开始时间,编队最晚结束时间,行驶速度,速度调节范围,车长等。

为了提高招标效率和降低通信负荷,本书将从这几个方面来限制发标范围:一是排除处于其他重要活动中的 Agent 成员,如其他编队活动中的 Agent;二是粗略考虑 Agent M 可能的编队区域,如 Agent M 前存在其他车辆而使其加入车队前三的位置。

(2)投标。

接到标书的 Agent,将从以下 3 个方面来评估 Agent M 编队任务,以此来评估是否投标:

①行驶路线与其自身的线路重合度。本书希望车队前面的车辆留在车队中时间能比后面的车辆长,根据车队活动的特点,当车辆离开车队时就会减少受其影响的车队成员数。线路重合度越大,说明该 Agent 的适合度越好。

②Agent M 是否能到达换道位置。精确计算 Agent M 能否在规定时间内到达预定换道位置,如果能,则需要计算出要以多大速度到达指定位置才合适;如果不能,则放弃投标。

③预定时间内是否能完成任务及完成的质量。确定换道类型,计算换道空间,并判断在规定的加速度内能否创造出需要的换道空间,如果能,确定合理的加速度和时间,如果不能,放弃投标。

Agent L 也能参与投标,与其他成员 Agent 不同的是,它仅需从上述①②方面来评估 Agent M 从队尾加入车队的情况。如果它中标,Agent M 将从队尾加入车队中(由于 Agent M 在 Agent L 前加入车队需要考虑是否会影响车队其他活动的正常进行,因此会比较复杂,于是本书暂不考虑这种情况)。

(3)评标,确定 Agent G。

在规定投标时间结束后,Agent L 根据估计完成质量和路径重合度两方面来评定各投标 Agent 的优劣,并排出顺序。然后再按从高到低的顺序依次考察其前面的 Agent 成员是否适合 Agent P 角色,如果排名第一的前面 Agent 成员合适,那么确定它为中标者,担任 Agent G 角色,则它前面的 Agent 负责 Agent P 的角色;如果不合适,Agent L 则再考察排名第二的前面 Agent 是否合适,依次进行,直达找到为止;如果所有投标者都不符合要求或者规定投标时间内没有投标者,则说明 Agent M 不适合加入车队,拒绝 Agent M 的编队请求。评定结束后,通过广播形式,通知结果。

2. 基于 GPGP 编队任务协调

Agent L 通过合同网协议确定并分配任务后,各个角色 Agent 将对它们自身应承担的任务进行局部规划,在原有本地任务结构视图的基础上建立新任务的局部任务结构视图。在规划任务结构视图时,需要将时间约束作为一个非常重要的约束指标来考虑,其原因有以下几点:

(1)本书的编队模型是建立在车队速度比较稳定的情况下,但在复杂交通环境中,只能间歇性地出现这种状态,而且维持时间短暂,所以需要把握这短暂时间,完成编队任务。

(2)客观交通条件决定的,如第三章中提到的匝道处车辆编队情况,车辆必须在有限时间内完成编队,不然车队需要通过减速来延长时间或放弃编队活动。

(3)还需要根据时间约束来评价各编队子任务情况,防止出现无限等待。

时间约束包括时序约束和时间限制约束。时序约束主要是用来控制编队活动的各项子任务的执行顺序。为了满足任务的时序约束,需要确定任务执行的时间范围,即确定最早开始时间(earliest starting time,EST)和截止期(Deadline,DL)。任务之间的时序约束在整个调度过程中是无法撤销的,但是在执行过程中,由于相邻任务的影响(开始时间和截止时间的变更),任务的 EST 和 DL 是可以改变的[47]。两个任务之间的串行关系即表示第一个任务必须在第二个任务开始之前完成,而具有并行关系的任务组则可以在同一个时间段内执行。

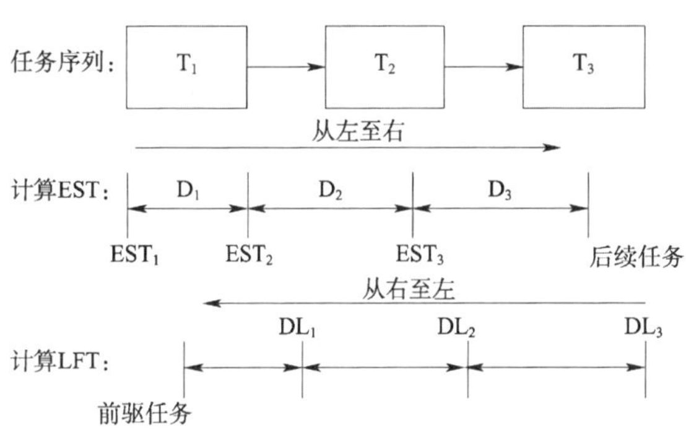

图 3-18　EST 和 DL 的计算图例

下面以三个任务为例,阐述在任务的序列化中如何确定任务的 EST 和 DL,如图 3-18 所示。

首先假设:

任务 T_1:持续时间为 D_1,最早开始时间为 EST_1,截止期为 DL_1。

任务 T_2:持续时间为 D_2,最早开始时间为 EST_2,截止期为 DL_2。

任务 T_3:持续时间为 D_3,最早开始时间为 EST_3,截止期为 DL_3。

于是就可以算出编队活动中每个任务的开始时间与结束时间,有利于对整个活动的控制。其实,有些活动还应该附加其他时间限制约束,以利于更好地控制任务的执行。例如最迟开始时间(latest starting time,LST)和最早结束时间(earliest finishing time,EFT)。任何任务的最迟开始时间 LST 为截止期减去任务的执行时间;最早结束时间 EFT 为最早开始时间与执行时间之和。

本书将编队子任务划分为三个阶段:换道准备阶段、换道实施阶段、间距调整阶段。换道准备阶段主要进行方案协商,并完成换道空间准备、确定换道点、调整换道状态等。换道实施阶段是在协调的环境中进行车辆换道。间距调整阶段是在完成换道后进行编队成员之间间距调整,使之正常化。本书将为每个阶段划分确定各自的持续时间、最早开始时间、截止时间,以保证编队任务的实时性。

将各个角色 Agent 的局部任务结构视图用 TAEMS 描述任务及任务之间的关系,并确定每个子任务的时间约束,此外,本书并不考虑如何计算任务的质量,而是通过质量增长函数来确定任务之间的关系。

各个角色 Agent 根据角色和当前成员的状态来建立本地局部任务结构视图,如图 3-19 所示。

各个角色 Agent 在构建完本地局部任务结构视图后,开始检测各个任务之间的协调关系,通过与相关 Agent 通信,获取与其他 Agent 的任务间关系,建立部分全局视图(partial-global-view),如图 3-20 所示。然后再做出决定:忽略哪些关系,利用哪些关系。一般情况下,任务间的强制性关系必须要遵守。再应用 GPGP 中相应的协调机制,达成任务间的承诺,形成本地的虚拟任务。在编队任务中,形成了如下承诺:

①Agent G 承诺 Agent M 在 XX 时间前完成对 XX 长度的空间创建;②Agent M 通知 Agent G 将会以 XX 速度在 XX 时间开始换道;③Agent G 完成空间创建后,通知 Agent M;

④Agent P 承诺 Agent M 在 XX 时间后开始提供参照信号；⑤任务完成后，Agent M 通知 Agent P 停止信号发送；⑥在路经变换期间，Agent M 承诺 Agent G 提供信息，以便 Agent G 进行位置和速度协调；⑦路径变换完成后，通知 Agent G 调整间距。

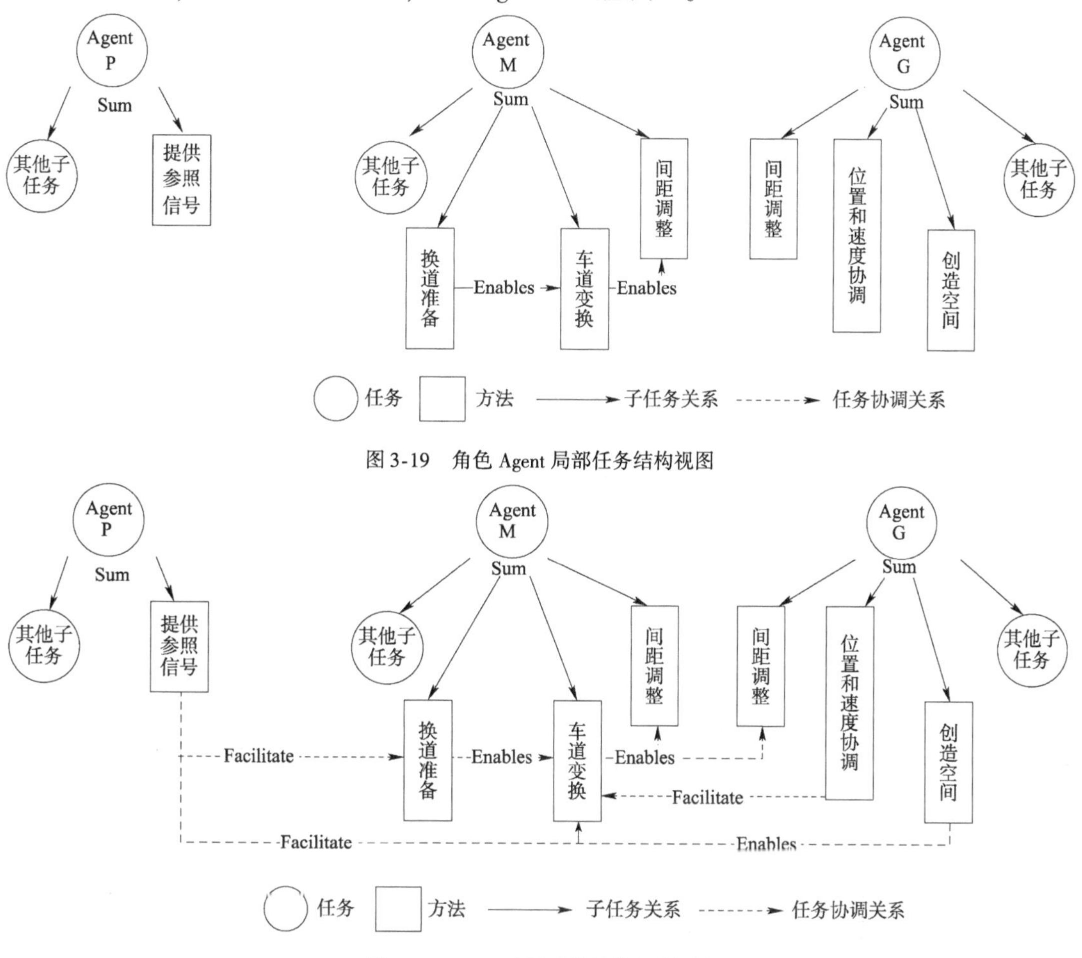

图 3-19　角色 Agent 局部任务结构视图

图 3-20　GPGP 协调后的部分全局视图

各个角色 Agent 利用本地任务调度单元对自身的方法和任务进行调度，其中包括虚拟任务及对其他 Agent 的承诺。各个角色 Agent 执行其调度方案，并将其完成信息和结果发送到相应的 Agent 处。如果任务出现变化，如某项活动不能按期完成，需要延后，则通知相应的 Agent 进行协调，如果任务出现失败，将失败信息发送到上一级的任务管理 Agent 处，由它进行处理。

第四节　车队协同驾驶多模态混成控制策略

针对车队协同驾驶群体体系结构与个体体系结构，将车队协同驾驶过程中的基本协作策略分为巡航、跟随、组合与拆分、换道等五种。按照具体控制对象的不同，可以把车队划分为首车、当前被控车辆与其后改变车辆，因为任意一个协作策略都是独立的，车队中每辆车都必须按照一定的次序执行相应策略。这样，根据自动机理论，可以建立如图 3-21 所示的车队协作策略状态图[50]。

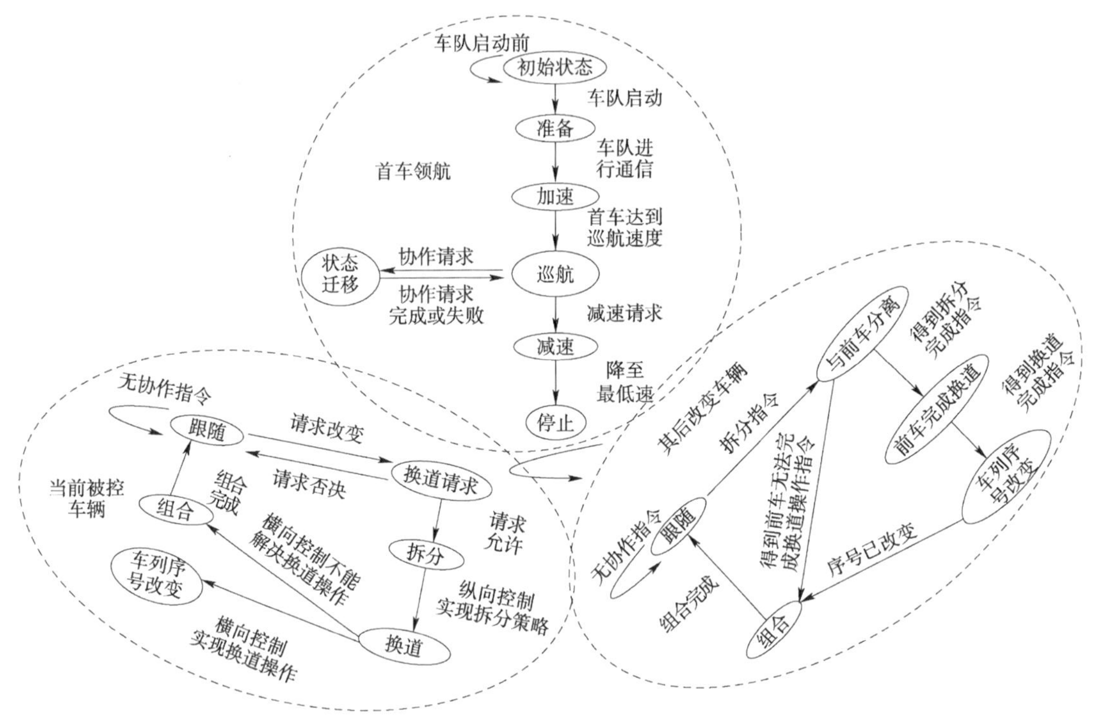

图 3-21 车队协作策略状态图

图中领航车首先从初始状态被激活，跟车队其他车辆建立通信后，开始加速到达“巡航”模态。此时，其后跟随车辆开始进入协作过程。当前被控车辆一般是会直接进入“跟随”模态。如果请求换道，那么被控车辆必须先通过纵向控制进入“拆分”模态，然后才能通过横向控制达到“换道”模态。如果“换道”模态被激活，那么领航车就会被告知整个车队的序号发生改变；否则说明换道条件不允许或横向控制未能实现，这样被控车辆就会通过“组合”模态重新编入车队。同理，其后改变车辆也必须根据被控车辆的模态变化执行各自的模态迁移动作。如果被控车辆请求换道，其后跟随车辆必须先与被控车辆分离。如果被控车辆的“换道”模态没有被激活，那么跟随车辆会通过“组合”模态继续与被控车辆保持距离；如果被控车辆的“换道”模态激活成功，领航车会把新的车辆序号发送给跟随车辆，跟随车辆仍然通过“组合”状态与领航车组成新的车队。

一、混成自动机定义

一般来说，混成系统是一个包括了连续状态与离散状态交互的动态系统。而为了对这类系统进行建模与描述，需要建模语言具有以下特点：

(1)描述性。允许捕捉不同种类的连续与离散动态，同时具备对离散状态演变与连续状态演变的建模能力，包括对非确定性模型特性进行描述的能力等。

(2)可组合性。允许通过对不同的简单组件进行组合的形式构建大尺度的系统模型。

(3)抽象性。允许在对复合模型转向设计过程中对问题进行精炼，使之成为个体的组件。与此相对，还可以对个体的组件进行研究从而扩展到整体系统的特性中。

混成自动机就是一种具备了以上各种特性的形式化描述语言,可以对混成系统的连续与离散部分的演化进行描述和建模。

1. 混成自动机的定义

一个混成自动机 H 通常被定义为一个多元组:

$$H = (Q, Var, Con, Event, Edge, Act, Inv, Init)$$

其中,Q 为离散状态的有限集合,这里 $Q = \{q_1, q_2, \cdots, q_n\}$,$q_1$、$q_2$分别为各个不同的离散状态。$Var = \{x_1, x_2, \cdots, x_n\}$为系统的连续状态向量。*Con* 为系统控制向量集,即系统中控制量的集合。*Event* 为状态切换事件,即触发系统触发状态变迁的事件集合。*Edge* 为状态切换过程,为切换事件定点与切换边的集合。*Act* 为系统的连续动态过程函数,表明系统连续部分的动态。*Inv* 为不同离散状态内连续系统的限制条件。*Init* 为系统初始条件。

2. 混成自动机建模可能出现的问题

从仿真建模的角度来看混成系统,与之密切相关的问题主要有以下四点:

(1)存在性。所建立的模型如果没有可行解,则进行实现或仿真时就会遇到问题。如果出现零解,则意味着更大的挑战。所以,如果建模的时候不特别谨慎,则可能会出现错误的结果。

(2)唯一性。不确定性会对系统造成更为复杂的影响。在这里指的是,系统可能会面临多种可行方案的问题。针对这一问题,当需要在连续状态的演变和离散的变换之间做出选择的时候,通常是在状态变换的同时改变连续状态,或者应用概率方法来解决非确定性问题。

(3)不连续性。状态之间的不连续性是混成系统的一个固有属性,不论从理论上还是实际上,这都随时会导致系统发生问题。最常见的问题就是状态冲突。

(4)可组织性。当模型涉及系统尺度较大时(如自动高速公路系统),整个系统可能会由多个组件组合而成。同时在运行的过程中可能还会有新的组件加入、退出或者改变其交互逻辑。所以需要考虑基于面向对象的组织方式进行建模。

二、车队模态迁移逻辑定义

车队协同驾驶策略的选择与执行,是完全构建在车队运行状态与所处环境事件的基础上的。制订车队协同驾驶策略的转换规则也就是考虑在何种条件下进行多种策略之间的转换,以及在转换过程中如何在其子策略中进行协调。比如在巡航和组队模态迁移中,就需要分析自由巡航策略中的被控车辆在何种情况下需要发起组队策略转换,以及组队中的车辆在何时需要转为自由巡航策略。

当车辆处于自由巡航策略中时,车辆在执行其基本的自由巡航控制策略过程中,通过车载传感器,检测道路环境及障碍情况以进行自主巡航。同时车辆会自动搜寻周边可以通信的车辆。当接收到附近车辆数据后,将会与自身传感器数据进行比对融合,一旦与自身传感器信息实现协作信息"核实",则可以进行进一步的协作条件确认。若发现可以通信车辆出现在自身传感器可以检测到的可组队区域内,则发出组队请求。双方进行组队协议握手之后,则开始进行自由巡航策略与组队巡航策略的切换,如图 3-22 所示。

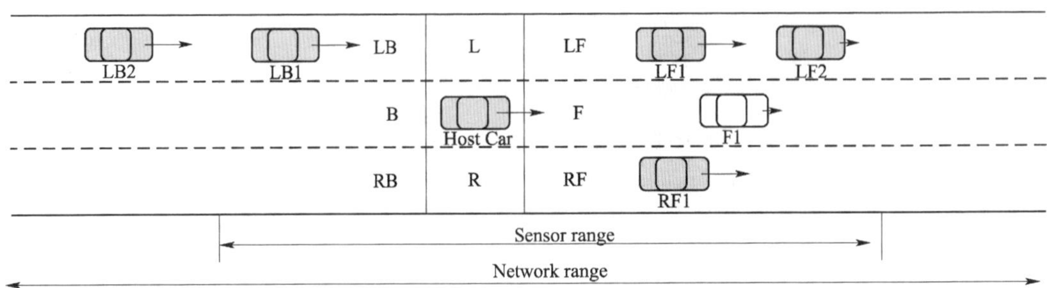

图 3-22　环境车辆位置描述

图中，设被控车辆处在一个三车道直线道路上，则以车辆自身传感器为参照系，可以把车辆所处道路分成不包含自身车辆在内的八个区域，即左车道前方（LF）、左车道侧面（L）、左车道后方（LB）、当前车道前方（F）、当前车道后方（B）、右车道前方（RF）、右车道侧面（R）、右车道后方（RB）。并且会根据环境车辆在车道上的不同位置，按照离被控车辆的距离进行顺序编号。如上图中在被控车辆左侧车道上一共有四辆车，分别为 LF1、LF2、LB1、LB2，且设这四辆车均可以与被控车辆通信；在被控车辆当前车道前方有一辆车 F1，不能与被控车辆通信；在被控车辆右侧车道前方还有一辆车 RF1 也可以与被控车辆通信。则在此情况下，为了确保车辆组队协作策略的安全实施，必须要求被控车辆在接收到环境车辆的通信消息的同时也能通过自身传感器检测到该环境车辆，即该车辆被被控车辆传感器“核实”。也即在上述场景中，可能与被控车辆进行组队的车辆为 LF1、LF2、RF1、LB1。而在此基础上，由于车队是以车辆排成一列的方式来组合而成的，故被控车辆需要选择一辆在自己前方的邻近车辆来执行组队跟随策略，故被考虑的车辆只剩 LF1、RF1 两辆。此时被控车辆需要按照本车道、左侧车道、右侧车道的顺序来进行搜索合适的协作车辆进行组队请求。而车队的特点为具有相同目的、相同目标速度的车辆所组成。则判断的标准就是依次判断 LF1、RF1 的目标速度是否与本车相近，若目标速度之差在设定的阈值范围内则向对方发起组队请求，准备进行策略切换。

当被控车辆处于组队巡航策略中时，即车辆已经为某一车队中的跟随车，此时发生协作策略切换的条件则分为两种情况，其一为受到道路环境所限，如受到其他障碍车辆干扰，不再满足跟随条件，不能继续跟随前车，则触发被动分离。协作状态将会从组队巡航策略转变为自由巡航策略，相应的车队状态变量也随之发生改变。另外一种则为在某些条件下，车辆主动分离，如车辆需要变道驶离主路时，即可主动触发分离策略。

三、车队行驶环境事件描述

车队协同驾驶策略的选择与切换，是建立在车辆对自身及周边环境信息全面掌握的基础上的，而车队协同策略的选择与切换也依赖于对环境事件的处理。所以如何对所掌握的信息进行处理，统一成相应的环境事件格式以配合控制算法对于系统的有效运行是至关重要的。即在车辆对协同环境进行“感”后，需要相应的归纳与统一，才能让控制器“知”。在此，本书主要关注的是车辆之间的协作机理，不关注车辆如何通过具体的传感器获取信息，但为了更好地进行算法设计与说明，需要对信息的数据格式进行相应的规范。

对于被控车辆来说，与控制相关的信息主要包括自车运行状态数据及周边环境数据（包括环境中车辆与道路信息数据)。而根据信息获取途径的不同,也主要有两类信息,其一是通过自车传感器获取的信息,如被控车辆自身的运行速度、纵横向加速度、位置及方向信息、车道线信息还有障碍物距离与方位信息等;其二是通过通信方式获取的其他车辆状态信息,包括其他车辆运行状态信息及协作状态信息。每一辆自动驾驶车辆都需要在仅依靠自身传感器的情况下确保自身的安全,则能清晰地判断环境中其他车辆的位置,可以说是控制策略选择的关键要素。故本书就从环境车辆与被控车辆的位置关系为出发点,对环境信息进行统一。本书首先假设被控车辆已经通过自身传感器及通信手段得到了相应的数据信息。则为实现基本的车辆协同驾驶功能,需要获取的信息按照获取方式不同可以分为自车传感器获取的信息及通过通信方式获取的信息,至少包括如下部分,见表3-1。

车辆系统驾驶信息表 表3-1

<table>
<tr><th>获取方式</th><th colspan="2">信息类别</th><th>项目</th></tr>
<tr><td rowspan="4">自车传感器</td><td rowspan="2">自身状态</td><td>运行信息</td><td>速度、加速度、位置、方向</td></tr>
<tr><td>协作信息</td><td>车辆编号、车队信息</td></tr>
<tr><td rowspan="2">周边环境</td><td>道路信息</td><td>道路标志信息(车道线)</td></tr>
<tr><td>障碍信息</td><td>障碍物方向及距离</td></tr>
<tr><td rowspan="2">通信</td><td rowspan="2">环境车辆</td><td>运行信息</td><td>速度、加速度、位置、方向</td></tr>
<tr><td>协作信息</td><td>车辆编号、车队编号信息</td></tr>
</table>

为实现车辆控制,车辆在每一个控制步长内都首先需要通过传感器获取自身的运动状态,为便于描述与说明,在此规定格式为:

CarState = [ID, Position, Dir, Speed, Acc, PltnEn, PlatoonID, PltnNum, LeaderID, PltnLength, intraDis]

其中CarState为事件类型,代表自车运行状态。ID为自车编号。Position为自车位置。Dir为自车航向角。Speed为自车速度。Acc为自车加速度。PltnEn为组队使能标志,当PltnEn为1时,表明车辆可以执行组队巡航策略;当PltnEn为0时,代表此时本车只执行自由巡航策略。PlatoonID为所在车队编号,自由巡航状态下PlatoonID为自车ID;组队巡航状态下PlatoonID为所在车队领航车ID。PltnNum为车辆在车队中的位置,如车辆为单车自由巡航或为领航车时,PltnNum为1。LeaderID为车辆执行组队巡航策略时的前方跟随车辆,当车辆为单车自由巡航或为领航车时,LeaderID为自车ID。PltnLength为车辆所在车队包含的车辆总数,若车辆为单车自由巡航或为领航车时,PltnLength为1。intraDis为车辆执行组队巡航策略时车队内车间距的设定值。根据车辆不同状态量的取值,就可以判断车辆当前的协作状态,具体对应关系见表3-2。

车辆协作状态对应表 表3-2

<table>
<tr><th colspan="2"></th><th>PltnEn</th><th>PlatoonID</th><th>PltnNum</th><th>LeaderID</th><th>PltnLength</th></tr>
<tr><td colspan="2">单车</td><td>1/0</td><td>自车ID</td><td>1</td><td>自车ID</td><td>1</td></tr>
<tr><td rowspan="3">组队</td><td>领航车</td><td>1</td><td>自车ID</td><td>1</td><td>自车ID</td><td>不等于PltnNum</td></tr>
<tr><td>跟随车
(在队中)</td><td>1</td><td>车队领航车ID</td><td>不等于1</td><td>前车ID</td><td>不等于PltnNum</td></tr>
<tr><td>跟随车
(在队尾)</td><td>1</td><td>车队领航车ID</td><td>等于PltnLength</td><td>前车ID</td><td>等于PltnNum</td></tr>
</table>

车载传感器除对车辆自身状态信息测量以外,还需对周边道路环境及障碍信息进行测量,一般说来,车载传感器感知外部障碍物的方式主要有图像处理与距离传感器两种。不论采取哪种方式,最终获取的障碍物信息多数可转化到自身车辆坐标系下。为方便描述,本书采用如下格式对障碍物信息事件进行描述:

Obs,ObID,ObAng,ObDis,ObPosition

其中,Obs 为事件类型,代表传感器获取的障碍物;ObID 为障碍物编号;ObAng 为此障碍物与被控车辆的方位角;ObDis 为此障碍物与被控车辆间的距离;ObPosition 为障碍物在世界坐标系下的坐标。具体说明描述如图 3-23 所示:

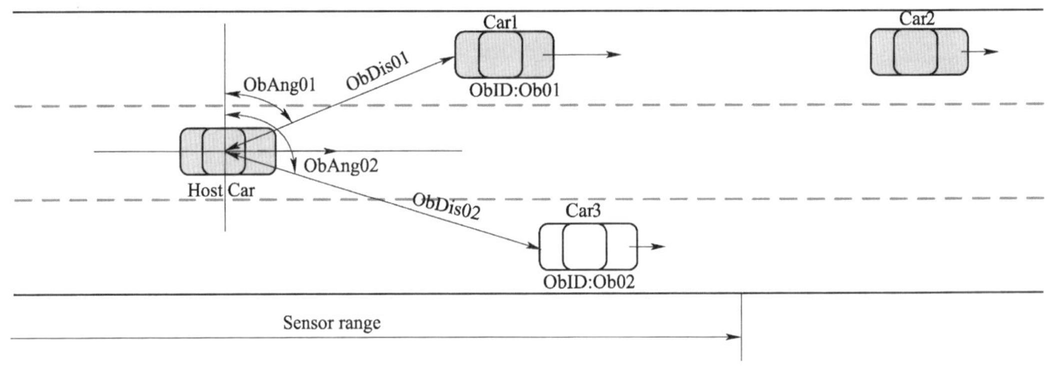

图 3-23 传感器信息描述

图中,被控车辆处于一个三车道道路上,在前方道路上一共有三辆环境车辆 Car1、Car2、Car3。但在传感器检测范围内能检测到两辆车,Car1 与 Car3,按传感器检测顺序编号分别为 Ob01 与 Ob02。以被控车辆车身前进方向为 x 轴,建立参考坐标系,两辆车所在位置与 y 轴夹角分别为 ObAng01 与 ObAng02,两车与被控车辆距离分别为 ObDis01 与 ObDis02。而在根据传感器得到了障碍物的方位和距离之后,根据车辆自身的位置及几何对应关系,可以很容易地计算出障碍物对应的坐标 ObPosition。在此场景下,通过被控车辆传感器可以得到两则环境事件,分别为:

Obs,Ob01,ObAng01,ObDis01,ObPosition01

Obs,Ob02,ObAng02,ObDis02,ObPosition02

而通过通信方式获取的环境车辆信息,本书也采用与传感器障碍信息类似的方式进行定义。需要说明的是,根据需要通过通信的手段还可以获取更多的车辆信息,本书在此处暂且只采用部分核心信息作为事件来做方法阐述,具体格式为:

Com,CarID,CarPosition,CarDir,CarSpeed,CarAcc,PlatoonID

其中,Com 为事件类型,代表通信获取的数据信息;CarID 为车辆唯一编号;CarPosition 为车辆位置信息;CarDir 为车辆航向角信息;CarSpeed 为车辆速度;CarAcc 为车辆加速度;PlatoonID 为其所在车队编号。

若仍然在上述三车道场景中,假定 Car1 与 Car2 能与被控车辆进行通信,而 Car3 并不能进行通信,则被控车辆也可以得到两则环境事件:

Com,Car1,Car1Position,Car1Dir,Car1Speed,Car1Acc,Car1PlatoonID

Com,Car2,Car2Position,Car2Dir,Car2Speed,Car2Acc,Car2PlatoonID

即车辆在一般情况下可以获得的环境事件见表3-3：

环境事件类型及格式定义　　表3-3

事件类型	标记	事件数据格式
自车信息	State	ID,Position,Dir,Speed,Acc,PltnEn,PlatoonID,PltnNum,LeaderID,PltnLength,intraDis
障碍信息	Obs	ObID,ObAng,ObDis,ObPosition
通信信息	Com	CarID,CarPosition,CarDir,CarSpeed,CarAcc,PlatoonID

故由此定义，在上述场景中，被控车辆在当前场景下同一控制周期内共可以得到如下五则环境事件信息：

State,SelfID,SelfPosition,SelfDir,SelfSpeed,SelfAcc,SelfPlatoonID,
SelfPltnNum,SelfLeaderID,SelfPltnLength,SelfintraDis

Obs,Ob01,ObAng01,ObDis01,ObPosition01

Obs,Ob02,ObAng02,ObDis02,ObPosition02

Com,Car1,Car1Position,Car1Dir,Car1Speed,Car1Acc,Car1PlatoonID

Com,Car2,Car2Position,Car2Dir,Car2Speed,Car2Acc,Car2PlatoonID

在此场景中可以注意到，车辆自身传感器和通信信息中将同时得到Car1的位置信息，通过对比可以发现Ob01与Car1表示的是同一辆车的信息。如果通过通信与传感器同时检测到某一辆环境车辆，则对被控车辆来说称为与该车辆实现了协作信息“核实”。

四、车队模态变迁可达性判定

车队协同驾驶的根本目标是要在安全行驶的基础上利用有限的道路资源实现交通流的最大化。按照Hedrick等人提出的交通量经验公式[51]：

$$C_{\text{lane}} = \frac{V}{X_r + L + \dfrac{X_p}{N}} \tag{3-1}$$

式中，C_{lane}是某一车道内的交通量，表示交通流在单位时间内通过道路指定断面的车辆数量；V是车流速度；X_p是由N辆车组成的车队与前一个车队保持的队间距离；X_r是该车队内前后车辆保持的队内间距；L是车身长度。

尽管公式(3-1)是在假定车队具有统一速度、车长、队内间距与队间间距的条件下对交通量进行推导，但是如果把交通量C视为在给定车速、车长和间距条件下得到的最大交通流速率，当违反规定的最大车流速度或最小间距时，实际交通量就会出现超过最大交通流速率的暂态。从交通流稳定性的角度看，这种暂态是应该被削弱或消除的，因为这种暂态很容易受到车辆加速度突变、紧急制动及换道的干扰，引起整个交通流的振荡，从而导致交通事故的发生。因此，在设计车队不同模态的迁移动作时，需要重点对导致加速度突变的车间距决策、紧急制动引起的碰撞态势规避及不同行驶工况下的自由换道选择等关键条件动作的可达性进行判定[52]。

1. 安全车间距决策

车队协同驾驶可以消除驾驶员反应时间，从而极大地减小车间所需的安全距离。但是，为了适应各种协作策略的切换与执行，车队需要设定充分的安全车间距策略，避免由于前车紧急制动引起的追尾。定义车队中第 i 辆车的安全车间距：

$$S_{d,i}=S_{m,i}+S_{a,i} \tag{3-2}$$

式中，$S_{m,i}$是第 i 辆车与前车保持的最小车间距离；$S_{a,i}$是为了安全起见设定的调节裕量，可以应对尽可能多的危险情况。如图 3-24 所示，当第 i 辆车正以最大加速度 $a_{\max}$全速行驶，而第$(i-1)$辆车却以最大减速度 $-A_{\max}$进行急停时，第 i 辆车的加速度容许变化率满足正反梯形约束条件，如图中 $J_{\max}$所示。那么 $S_{m,i}$的表达式为：

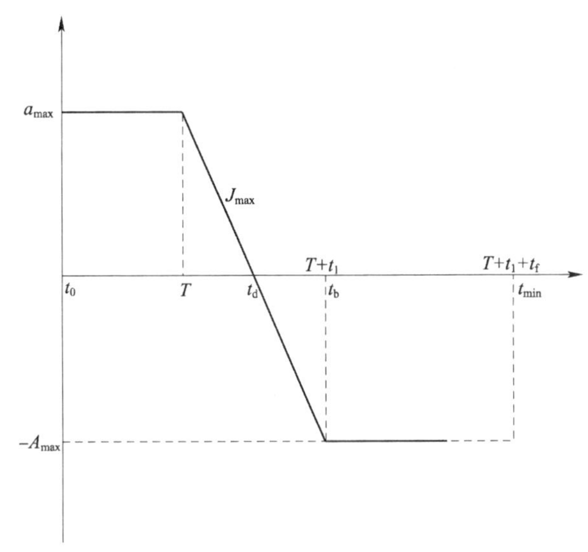

图 3-24　紧急制动下第 i 辆车的加速度突变

$$S_{m,i}=D_i-D_{i-1} \tag{3-3}$$

式中，D_i是第 i 辆车在速度和加速度分别为 $v_i(t_0)$和 $a_{\max}$下的制动距离，D_{i-1}是第$(i-1)$辆车在速度和减速度分别为 $v_{i-1}(t_0)$和 $-A_{\max}$下的制动距离，且：

$$D_{i-1}=\frac{v_{i-1}^2(0)}{2A_{\max}} \tag{3-4}$$

这样，第 i 辆车的加速度需要满足以下 3 个条件才能完全停止运动：

$$a_i(t)=\begin{cases} a_{\max} & 0\leqslant t\leqslant T \\ a_{\max}-J_{\max}t & T\leqslant t\leqslant T+t_1 \\ -A_{\max} & T+t_1\leqslant t\leqslant T+t_1+t_f \end{cases} \tag{3-5}$$

式中，T 是第 i 辆车开始制动的时刻；$(T+t_1)$是第 i 辆车的加速度从 $a_{\max}$变化到 $-A_{\max}$的时刻，且 $t_1=(a_{\max}+A_{\max})/J_{\max}$；$(T+t_1+t_f)$是第 i 辆车达到完全停止的时刻，即 $v(T+t_1+t_f)=0$。令：

$$D_i=D_{1i}+D_{2i}+D_{3i} \tag{3-6}$$

式中，$D_{ji}(j=1,2,3)$是第 i 辆车分别在式(3-4)包含的三个加速度阶段中行驶的位移，且

$$D_{1i}=\frac{v_i^2(T)-v_i^2(0)}{2a_{\max}} \tag{3-7}$$

$$D_{2i}=\int_0^{t_1}\left[v_i(T)+\int_0^t(a_{\max}-J_{\max}t)\mathrm{d}t\right]\mathrm{d}t=v_i(t)t_1+\frac{1}{2}a_{\max}t_1^2-\frac{1}{6}J_{\max}t_1^3 \tag{3-8}$$

$$D_{3i}=\frac{v_i^2(T+t_1+t_f)-v_i^2(T+t_1)}{-2A_{\max}}=\frac{v_i^2(T+t_1)}{2A_{\max}} \tag{3-9}$$

式中：

$$\begin{cases}v_i(T)=v_i(0)+\int_0^T a_i(t)\mathrm{d}t=v_i(0)+a_{\max}T\\ v_i(T+t_1)=v_i(T)+\int_0^{t_1}(a_{\max}-J_{\max}t)\mathrm{d}t=v_i(0)+a_{\max}T+a_{\max}t_1-\frac{1}{2}J_{\max}t_1^2\end{cases}$$

那么：

$$\begin{aligned}D_i=&\frac{v_i^2(0)}{2A_{\max}}+v_i(0)\left\{T+\frac{a_{\max}+A_{\max}}{J_{\max}}+\frac{1}{A_{\max}}\left[a_{\max}T+\frac{a_{\max}(a_{\max}+A_{\max})}{J_{\max}}-\frac{(a_{\max}+A_{\max})^2}{2J_{\max}}\right]\right\}+\\&\left\{\frac{1}{2}a_{\max}T^2+\frac{a_{\max}(a_{\max}+A_{\max})^2}{2J_{\max}}-\frac{(a_{\max}+A_{\max})^3}{6J_{\max}^2}+\frac{a_{\max}(a_{\max}+A_{\max})}{J_{\max}}T+\right.\\&\left.\frac{1}{2A_{\max}}\left[a_{\max}T+\frac{a_{\max}(a_{\max}+A_{\max})}{J_{\max}}-\frac{(a_{\max}+A_{\max})^2}{2J_{\max}}\right]^2\right\}\end{aligned} \tag{3-10}$$

联合式(3-4)和式(3-10)，可得：

$$\begin{aligned}S_{m,i}=&\frac{v_i^2-v_{i-1}^2}{2A_{\max}}+v_i\left\{T+\frac{a_{\max}+A_{\max}}{J_{\max}}+\frac{1}{A_{\max}}\left[a_{\max}T+\frac{a_{\max}(a_{\max}+A_{\max})}{J_{\max}}-\frac{(a_{\max}+A_{\max})^2}{2J_{\max}}\right]\right\}+\\&\left\{\frac{1}{2}a_{\max}T^2+\frac{a_{\max}(a_{\max}+A_{\max})^2}{2J_{\max}}-\frac{(a_{\max}+A_{\max})^3}{6J_{\max}^2}+\frac{a_{\max}(a_{\max}+A_{\max})}{J_{\max}}T+\right.\\&\left.\frac{1}{2A_{\max}}\left[a_{\max}T+\frac{a_{\max}(a_{\max}+A_{\max})}{J_{\max}}-\frac{(a_{\max}+A_{\max})^2}{2J_{\max}}\right]^2\right\}\end{aligned} \tag{3-11}$$

式中，v_i，v_{i-1}分别是第 i 辆车和第$(i-1)$辆车在 t_0时刻的速度。在驾驶员模式下，采样时间 T 的选择需要视驾驶员反应时间而定，而在协同驾驶模式下，采样时间 T 的选择需要考虑传感器、通信延时等。

由于车辆的加速度及其变化率可以通过车载传感器采集，那么第 i 辆车的安全车间距(3-2)可具有如下通用形式：

$$S_i=d_1(v_i^2-v_{i-1}^2)+d_2v_i+d_3 \tag{3-12}$$

式中，系数 d_1、d_2、d_3分别可以利用式(3-11)中相对应的多项式系数计算求出。

当车队协同驾驶到达稳定状态时，$v_i\approx v_{i-1}$，所以式(3-12)又可以写成：

$$S_i=d_2v_i+d_3 \tag{3-13}$$

式中，当系数 $d_3=0$ 时，式(3-13)就叫作固定车头时距策略；当系数 $d_2=0$ 时，式(3-13)就叫作固定车间距策略。

2. 碰撞态势规避

车队协同驾驶过程中的危险态势可以通过比较车辆碰撞时间(time to collision, TTC)与最小安全制动距离所需时间进行估计[53]。假设在任意时刻 t,前后相邻车辆的相对距离 X_r是:

$$X_r(t)=X_r(t_0)+[v_p(t_0)-v_f(t_0)](t-t_0)+\int_{t_0}^{t}\int_{t_0}^{\tau}[a_p(s)-a_f(s)]\mathrm{d}s\mathrm{d}\tau \tag{3-14}$$

式中,v_p、v_f分别是前后相邻车辆的速度;a_p、a_f分别是前后相邻车辆的加速度。如果当 $t>t_0$时,$X_r(t_0)=0$,那么 $TTC=t-t_0$。

定义:

$$TTC=\frac{\Delta X}{\Delta V} \tag{3-15}$$

式中,$\Delta X=X_r(t_0)$,$\Delta V=V_f(t_0)-V_p(t_0)$,且 $\Delta V>0$,可以通过雷达信息处理获得。如图 3-24 所示,前车在 T 时刻以最大减速度 $a_{p,\max}$开始减速,而自车为了避免追尾以最大减速度 $a_{\max}$开始制动,可得:

$$(a_{p,\max}-a_{\max})(t-t_0)^2-\Delta V(t-t_0)+\Delta X=0 \tag{3-16}$$

式中,$a_p(\tau)=a_{p,\max}$,$a_f(\tau)=a_{\max}$ $\forall\tau\in[t_0,t]$。

那么:

$$TTC=\frac{-\Delta V+\sqrt{\Delta V^2+4\Delta X\Delta a}}{2\Delta a} \tag{3-17}$$

式中,$\Delta a=a_{\max}-a_{p,\max}$。

对于最小安全制动距离所需时间,仍然如图 3-24 所示,自车从 T 时刻开始制动,由于执行控制器存在延时特性,如延时到图中所标的 t_d时刻,自车才会以最大的加速度容许变化率 $J_{\max}$进行制动,并在 t_b时刻达到最大减速度 $-A_{\max}$,那么:

$$\begin{cases} t_d=T+\tau \\ t_b=\dfrac{-A_{\max}}{J_{\max}}+t_d \end{cases} \tag{3-18}$$

式中 τ 是延时时间。

因为 $v(t_{\min})=v(T+t_1+t_f)=0$,可得:

$$v(t_d)-\int_{t_d}^{t_{\min}}a(t)\mathrm{d}t=0 \tag{3-19}$$

所以

$$v(t_d)-\frac{1}{2}J_{\max}(t_b-t_d)^2-A_{\max}(t_{\min}-t_d)=0 \tag{3-20}$$

求解式(3-20),可得:

$$t_{\min}=\frac{v(t_d)-\frac{1}{2}J_{\max}(t_b-t_d)^2}{A_{\max}}+t_d \tag{3-21}$$

因此,只要保证 $TTC > t_{\min}$,危险态势就可以规避。当然,自车的最大减速度应该满足 $\Delta a > 0$,以满足式(3-17)计算 TTC 有意义。

3. 自由换道选择

车队协同驾驶可以使车辆间保持较小的车间距离,但是当车队中的任意车辆选择换道策略驶出车队时,容易发生追尾或角碰等事故。因此,车辆自由换道选择的横向加速度及其变化率应该结合安全车间距策略与车辆碰撞时间进行计算。换道策略的基础是运动轨迹规划,目前常用的 sin 函数、圆弧、正反梯形约束、多项式等方法尽管在轨迹形式上有所不同,但是完成自由换道策略所需的时间大致相同。因此,仍然根据基于正反梯形约束的横向加速度方法[54],如图 3-25 所示,得到横向加速度变化为:

$$\ddot{y}_{\mathrm{d}}(t) = \begin{cases} J_{\max}t - a_{\max} & t_0 \leqslant t \leqslant t_1 \\ a_{\max} & T_1 \leqslant t < t_2 \\ -J_{\max}t + a_{\max} & t_2 \leqslant t < t_3 \\ -a_{\max} & t_3 \leqslant t < t_4 \\ J_{\max}t - a_{\max} & t_4 \leqslant t \leqslant t_5 \end{cases} \tag{3-22}$$

且

$$\begin{cases} t_1 - t_0 = t_5 - t_4 \\ t_2 - t_1 = t_4 - t_5 \\ t_3 - t_2 = 2(t_1 - t_0) \end{cases} \tag{3-23}$$

式中,t_0为换道策略开始时刻;t_5为换道完成时刻;$J_{\max}$为横向加速度最大变化率;$\pm a_{\max}$为最大横向加速度。

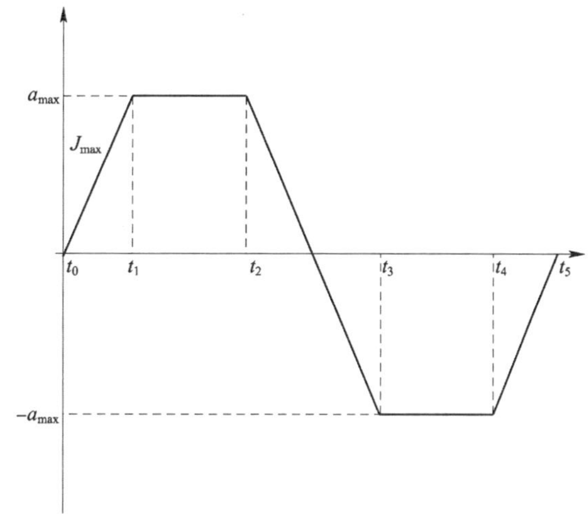

图 3-25　自由换道选择示意图

定义

$$\begin{cases} t_1 - t_0 = \Delta_1 \\ t_2 - t_1 = \Delta_2 \end{cases} \tag{3-24}$$

可得换道车辆完成换道需要的总体时间为:

$$t_d = 4\Delta 1_1 + 2\Delta_2 \tag{3-25}$$

假定 $t_0 = 0$,当 $t = t_5$时,换道过程中的横向位移为:

$$y_d(t_5) = J_{\max}(2\Delta_1^3 + 3\Delta_1^2\Delta_2 + \Delta_1\Delta_2^2) \tag{3-26}$$

根据最大横向加速度变化率 $J_{\max}$和最大横向加速度 $a_{\max}$可确定

$$\Delta_1 = \frac{a_{\max}}{J_{\max}} \tag{3-27}$$

假设相邻车道中心线间距等于车道宽度 d_{w},根据 $y_{\mathrm{d}}(t_5) = d_{\mathrm{w}}$,代入式(3-26),得:

$$\Delta_2 = -\frac{3}{2}\Delta_1 + \frac{1}{2}\sqrt{\Delta_1^2 + \frac{4d_{\mathrm{w}}}{J_{\max}\Delta_1}} \tag{3-28}$$

那么,联合式(3-25)、(3-27)、(3-28)就可以得到车辆自由换道所需的总体时间。此外,

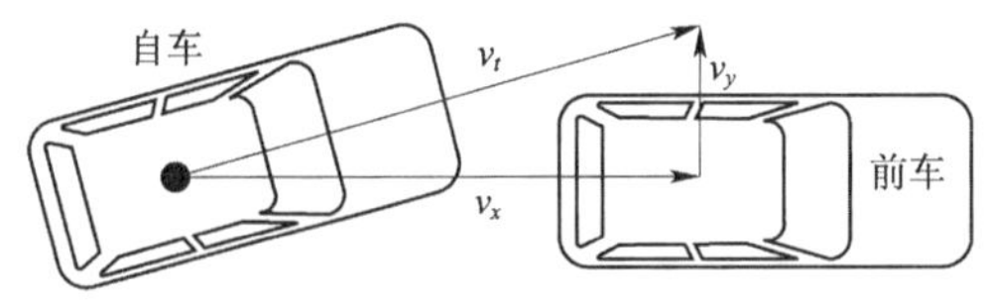

图 3-26　自由换道的角碰示意图

考虑到由 TTC 决定的碰撞临界位置和构成安全车间距的调节裕量的影响，加入以下约束条件，能够对横向加速度及其变化率进行合理选择与搭配，从而保证车队中车辆实现自由换道的安全性。

$$\Delta_1 + \Delta_2 < TTC \tag{3-29}$$

式中，当自车准备换道时，如图 3-26 所示，为了避免由横向加速度变化导致的角碰，假定自车的瞬时速度 v_t 包括纵向速度分量 v_x 和侧向速度分量 v_y。根据三角形三边定理可知，经过短时 t'，自车在纵向和侧向上行驶的距离和将大于实际速度方向上的行驶距离。忽略自车 v_x 变化，其最大距离差值对应时刻应为自车横向加速度达到最大的时刻，即图 3-25 中所示的 t_2 时刻，且该最大距离差仍应小于由 TTC 决定的碰撞距离值，即 $(\Delta_1 + \Delta_2) = t_2 < TTC$。

第五节　车队协同驾驶多模态混成自动机控制

由于车队协同驾驶的混成动态特性会使得不同的子系统模型中的状态参数随着协作策略的不同而发生相应的改变，例如在组队巡航策略中，对于本车队内车辆的势场建模方式就与车对外环境车辆及自由巡航策略中的环境车辆有所不同，故对于车队内车辆，交互关系由主要选择避让转变为主要选择跟随。巡航模态中目标函数主要由势场函数与目标速度跟踪函数，以及控制增量控制函数组成。而在组队模态中，目标函数中除了势场函数与目标跟踪函数都相应进行了参数变更之外，还增加了轨迹跟踪误差函数，用于跟踪前车的轨迹。与此同时，本书考虑到控制器在一些特殊情况下可能无法求出局部最优解，或求出的解可能会对车辆的行驶安全构成威胁。因此在两种模态之外增加一个紧急避险模态，即可进一步保证车辆控制的安全。下面对车队协同驾驶多模态系统进行混成自动机建模。

设车队协同驾驶混成自动机为一个多元组：

$$H = (Q, Var, Con, Event, Edge, Act, Inv, Init)$$

其中，Q 为离散状态的有限集合，这里 $Q = \{Q_1, Q_2, Q_3\}$；其中 Q_1 为巡航模态，Q_2 为组队模态，Q_3 为紧急避险模态。

Var 为系统的状态向量，$Var = \{x, y, v, \varphi, \delta_f\}$ 包括了被控车辆自身的状态 Car_{host} 及周边 n 辆环境车辆的状态变量 Car_1 到 Car_n，这些状态向量即为通过车辆自身传感器与通信手段获取的车辆及环境信息。其中 x、y 为车辆坐标集，v 为车辆速度集，φ 为车辆航向角集，δ_f 为车辆前轮偏角集。

Con 为系统控制向量集，$Con = \{\dot{v}, \dot{\delta}\}$，即本书中对车辆的控制量为车辆的加速度与车辆的前轮偏转角速度。

$Event$ 为状态切换事件，$Event = \{\text{Merge}, \text{Split}\}$，即组队与分离，在本书所设计的车辆协同驾驶系统中，这里的切换事件作为子状态机存在，后文将详细说明。

$Edge$ 为状态切换过程。

Act 为系统的连续动态过程函数，表明系统连续部分的动态。

Inv 为不同离散状态内连续系统的限制条件。

Init 为系统初始条件。

则车辆协作系统的混成自动机模型如图 3-27 所示。

为了让整个混成自动机模型结构更加简洁明朗，对于 Merge 事件与 Split 事件，下面也将作为单独的子系统由不同的状态机来描述。

Merge 事件流程图如图 3-28 所示。

为了确保协同驾驶过程中车队控制的可靠性，车队在组队模态下必须同时取得被跟随车辆的通信数据及传感器检测数据。其中当收到对方通信数据时，会进一步与自车传感器测量数据进行匹配，如果两者吻合，则会把该条通信数据加入“已核实”环境事件集合当中，再从该集合中选取合适的跟随车辆，进行组队。这里判断是否组队的依据主要是当前车辆的速度及位置，即同时设定速度与距离的阈值，如果符合，则判断为潜在跟随对象，如果判断对方当前为领航车或处于某一车队的队尾且对方当前不处于紧急避险状态，则触发组队事件。一旦组队，则被控车辆/车队与被加入车辆/车队的状态数据都需要同步更新。

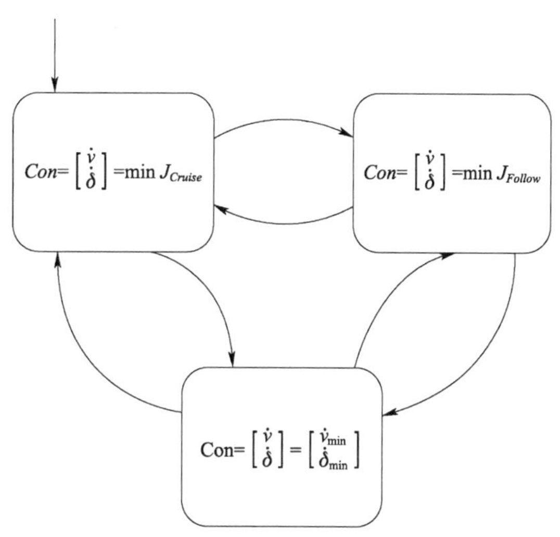

图 3-27　车队协作驾驶混成自动机模型

Merge 事件发生时，车辆可能处于不同的状态中。为说明状态变更规则，设其中关键位置车辆代号如图 3-29 所示，状态变更规则见表 3-4。

Merge 事件状态变更规则表　　表 3-4

	变更	PltnEn	PlatoonID	PltnNum	LeaderID	PltnLength
被加入车队领航车(L1)	前	1/0	L1_PlatoonID	1	L1_ID	L1_PltnLength
	后	1/0	L1_PlatoonID	1	L1_ID	L1_PltnLength + L2_PltnLength
被加入车队队尾跟随车(F1)	前	1	L1_PlatoonID	F1_PltnNum	前车 ID	L1_PltnLength
	后	1	L1_PlatoonID	F1_PltnNum	前车 ID	L1_PltnLength + L2_PltnLength
加入车队领航车(L2)	前	1	L2_PlatoonID	1	L2_ID	L2_PltnLength
	后	1	L1_PlatoonID	F1_PltnNum + 1	F1_ID	L1_PltnLength + L2_PltnLength
加入车队跟随车(F2)	前	1	L2_PlatoonID	F2_PltnNum	L2_ID	L2_PltnLength
	后	1	L1_PlatoonID	F1_PltnNum + F2_PltnNum	前车 ID	L1_PltnLength + L2_PltnLength

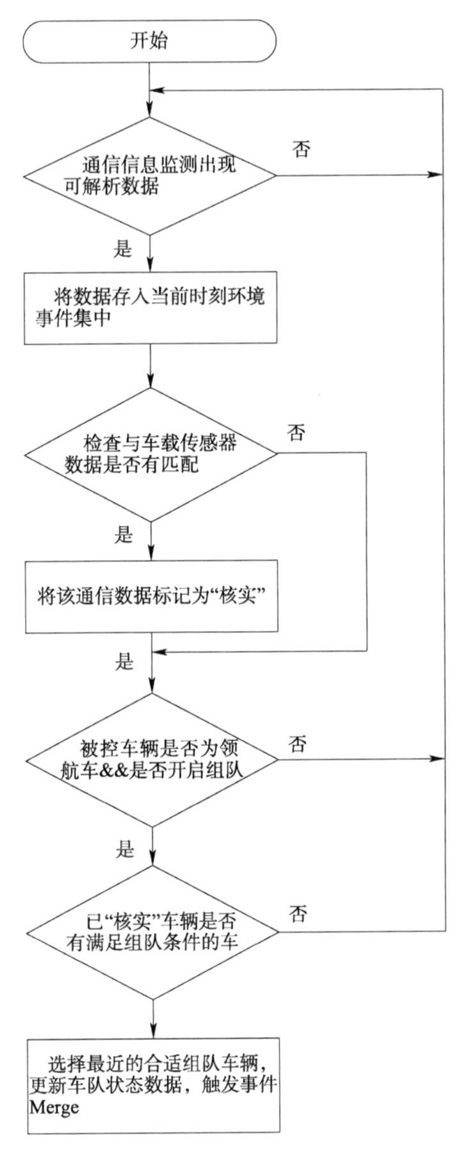

图 3-28 Merge 事件触发流程图

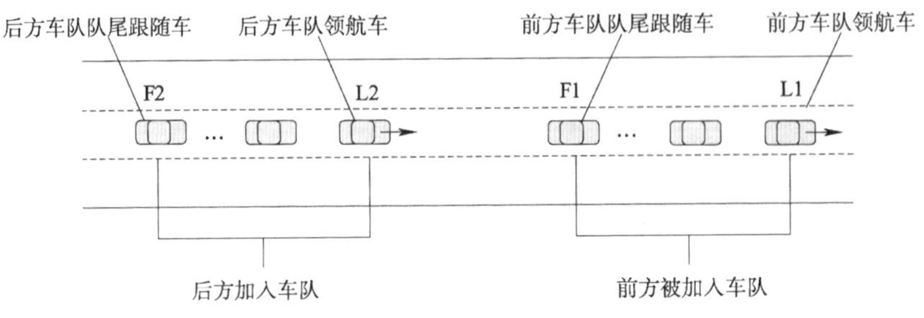

图 3-29 Merge 状态变更规则车辆代号

表中,L1 为前方被加入车队领航车代号,F1 为前方车队队尾跟随车代号,若前方为单车,则 F1 各状态量等于 L1 各参数,相应变更规则不变。前方车队中其他跟随车辆状态变更规则同 F1。L2 为后方加入车队领航车代号,F2 为后方加入车队跟随车代号,若后方加入车队为单车,则相应规则不变,不用变更表中 F2 相关项目。后方车队中其他跟随车辆状态变更规则同 F2。经过事件触发与状态变更之后,一个{Q1,Merge,Q2}过程完成。

Split 事件流程图如图 3-30 所示:

与 Merge 事件不同的是,判断车辆是否可以进行组队的条件主要集中在对通信信息的“核实”中,而一旦核实,加入条件的判断就基本只有速度和距离两个量。整个过程随机事件相对较少,而可以打断车辆的组队状态,让控制器进入 Split 事件触发流程的随机条件相对更多。根据触发的主体不同主要可以分为被动与主动两种,主要原因见表 3-5。

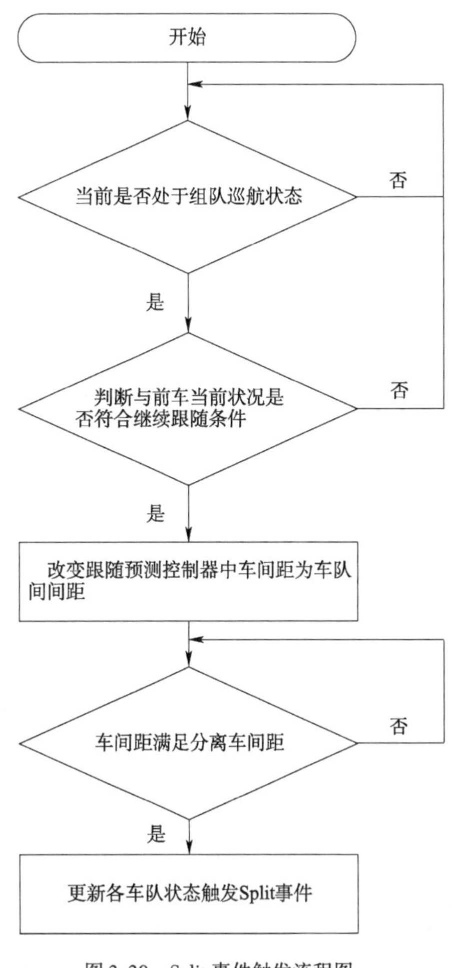

图 3-30　Split 事件触发流程图

如图 3-30 所示,当控制器判断被控车辆满足分离条件,可以进入 Split 事件之前,还需要加上一步判断车辆是否满足分离距离。这主要是因为,在组队模态切换到拆分模态的瞬间,控制器中前方车辆势场计算规则会发生突变,可能会导致跟随控制器发生抖动,故增加一项距离调整与判断,可以有效地避免控制器抖动。与 Merge 事件类似,在 Split 事件触发的同时,车队状态也需要同步进行更新。为说明状态变更规则,设其中关键位置车辆代号如图 3-31 中所示,在分离前,车队领航车为 L1,触发拆分事件车辆为 L2,拆分前 L2 跟随车辆为 F1,分离前车队队尾车辆代号为 F2。状态变更规则见表 3-6。

Split 事件触发原因　　　　表 3-5

	原　　因
被动	受到障碍物影响,与前车距离不满足跟随条件
	前车加速,超过本车加速能力,距离超过跟随距离
	通信或传感器信息不全,前方跟随车辆不满足跟随条件
主动	接近匝道,目的地不同需要拆分
	目标速度不同需要加速

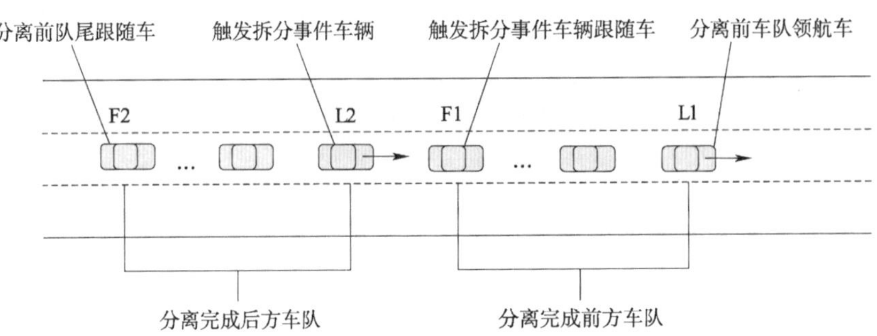

图 3-31　Split 状态变更规则车辆代号

Split 事件状态变更规则表　　表 3-6

	变更	PltnEn	PlatoonID	PltnNum	LeaderID	PltnLength
分离前车队领航车(L1)	前	1/0	L1_ID	1	L1_ID	L1_PltnLength
	后	1/0	L1_ID	1	L1_ID	L2_PltnNum-1
触发分离车辆跟随车(F1)	前	1	L1_ID	F1_PltnNum	前车 ID	L1_PltnLength
	后	1	L1_ID	F1_PltnNum	前车 ID	L2_PltnNum-1
触发分离事件车辆(L2)	前	1	L1_ID	L2_PltnNum	F1_ID	L1_PltnLength
	后	1	L2_ID	1	L2_ID	L1_PltnLength-L2_PltnNum+1
分离前队尾跟随车(F2)	前	1	L2_PlatoonID	F2_PltnNum	L2_ID	L1_PltnLength
	后	1	L1_PlatoonID	F2_PltnNum-L2_PltnNum+1	前车 ID	L1_PltnLength-L2_PltnNum+1

车队参数更新完成的同时，Split 事件触发。

第四章　一维车队直道行驶建模与控制

车队协同驾驶过程首先需要对车队进行建模与控制。本书将车队控制模型分为两种：一维车队控制模型和二维车队控制模型。一维车队控制模型主要适用于车队在直道或坡道路况下的协同驾驶，而二维车队控制模型则适用于车队在弯道或交叉口环境下的协同驾驶。本章将探讨一维车队直道行驶研究，首先提出一维车队直道行驶建模与控制问题，接着在直道路况下对一维车队控制系统进行建模，包括建立车速控制模型和车间距控制模型，然后设计一维车队首车巡航与后车跟随控制器，最后在 MATLAB 环境下验证控制器设计的有效性和稳定性。

第一节　一维车队建模与控制问题

一维车队是指行驶在直道或坡道路况下的协同驾驶车队。由于一维车队控制主要针对车队的纵向控制，因此一维车队系统可视为单输入单输出系统（SISO）。但是，采用一个复杂的高阶非线性模型来描述车队自身精确的动态特性是非常困难的，通常的解决办法是利用反馈线性化方法，建立一个相对简单的线性模型。一维车队系统的状态空间描述为：

$$\begin{cases} \dot{x}_i(t) = A_i x_i(t) + B_i u_i(t) \\ y_i(t) = C_i x_i(t) \end{cases} \quad i = 1,2,3,\cdots \tag{4-1}$$

式中，A、B、C 分别是动态矩阵、输入矩阵和输出矩阵。第一个方程是微分方程，而第二个方程是代数方程。代表车辆动力学的状态变量 x_i 可以是第 i 辆车的位移、速度、加速度或者加速度变化量（jerk）等；u_i 代表第 i 辆车的控制输入，如牵引力、节气门开度、制动力矩等。

在式（4-1）的两个方程两边分别作 Laplace 变换，并将初始状态取为 0，得到：

$$\begin{cases} sX(s) = AX(s) + BU(s) \\ Y(s) = CX(s) \end{cases} \tag{4-2}$$

消去状态变量 $X(s)$，得到 $Y(s) = C(sI - A)^{-1}BU(s)$。则系统的传递函数为：

$$G(s) = C(sI - A)^{-1}B \tag{4-3}$$

接着，做以下规定：

①第 i 辆车的位置误差为：$e_i(t)$；②第 i 辆车的速度误差为：$\dot{e}_i(t)$；③第 i 辆车和第 $i-1$ 辆车之间的相对距离为：$x_i(t) - x_{i-1}(t)$；④第 i 辆车和第 $i-1$ 辆车之间的相对速度为：$\dot{x}_i(t) - \dot{x}_{i-1}(t)$；⑤第 i 辆车和第 $i-1$ 辆车的车间距误差传递函数的冲击响应为：$g_i(t)$。

一维车队具体建模过程如下：

根据牛顿第二定律可知，一维车队直道行驶过程中，第 i 辆车的加速度和车辆牵引力、机械阻力、空气阻力，以及滚动阻力之间的关系为：

$$m_i\ddot{x}_i = F_i - k_{d,i}\dot{x}_i^2 - k_{m,i}(x_i) - \mu_i m_i g + d_1(t) \tag{4-4}$$

式中，m_i是第 i 辆车的质量，F_i是第 i 辆车的牵引力，$k_{d,i}$是第 i 辆车的空气阻力系数，$k_{m,i}$是第 i 辆车的机械阻力系数，μ_i是第 i 辆车的滑动阻力系数，$d_1(t)$代表第 i 辆车受到的外部扰动。

车辆牵引力作为发动机动力系统的输出，其模型可视为一阶非线性微分方程：

$$\dot{F}_i = \frac{1}{\tau_i(\dot{x}_i)}(-F_i + u_i) + d_2(t) \tag{4-5}$$

式中，$\tau_i(x'_i)$是第 i 辆车在瞬时速度 x'_i的发动机时间常数，$d_2(t)$代表第 i 辆车发动机的传动扰动，u_i为第 i 辆车的控制器输出。

实际上，车队的参数或部分参数是不确定的，这里假定车队参数 m_i、$k_{d,i}$、$k_{m,i}$、μ_i，τ_i是不确定的，但满足下列关系式

$$\begin{cases} m_i \leqslant M \\ k_{d,i} \leqslant K_D \\ k_{m,i} \leqslant K_M \\ \mu_i \leqslant U \\ \tau_i(\dot{x}_i) \leqslant \Gamma \\ b_1 \leqslant \dfrac{m_i\tau_i(\dot{x}_i)}{\lambda_1} \leqslant b_2 \end{cases} \tag{4-6}$$

式中，参数 M、K_D、K_M、U、Γ、b_1、b_2都为正常量。

此外，考虑到行驶安全性和舒适性，规定车辆瞬时加速度变化量满足：

$$|\ddot{x}_i| \leqslant A \tag{4-7}$$

式中，参数 A 为常量。

在一维车队行驶过程中，相邻车辆应保持稳定的车间距。从交通流的角度来看，这个距离应尽可能小。但是，实际上这个车间距不是不变的，而是与被控车的行驶车速有关。因为，随着被控车的车速提高，期望的车间距离应该加大，可以提高行车的安全性；而当被控车的车速降低时，车间期望距离应该减少，可以提高车道利用率。所以，一维车队采用固定车头时距控制策略。这样，第 i 辆车和第 $i-1$ 辆车之间的车间距误差为：

$$\delta_i = x_i - x_{i-1} - l_i - (\lambda_1 \cdot \dot{x}_i + \lambda_2) \tag{4-8}$$

为了获得一维车队系统的状态方程，联立式(4-4)和式(4-5)，得到：

$$\dddot{x}_i = f(\dot{x}_i, \ddot{x}_i) + f(\dot{x}_i)u_i + \frac{\dot{d}_1(t) + d_2(t)}{m_i} \tag{4-9}$$

式中：

$$f(\dot{x}_i, \ddot{x}_i) = -\frac{1}{\tau_i(\dot{x}_i)}\left(\ddot{x}_i + \frac{k_{d_i}}{m_i}\dot{x}_i^{\ 2} + \frac{k_{m_i}}{m_i} + \mu_i g\right) - 2\frac{k_{d_i}}{m_i}\dot{x}_i\ddot{x}_i$$

$$f(\dot{x}_i) = \frac{1}{m_i\tau_i(\dot{x}_i)}$$

这样，车队中第 i 辆车的加速度、速度及位移可由下列方程组求出：

$$
\begin{cases}
\ddot{x}_i(k) = \ddot{x}_i(k-1) + \dddot{x}_i(k) \\
\dot{x}_i(k) = \dot{x}_i(k-1) + \ddot{x}_i(k) \cdot \Delta t \\
x_i(k) = x_i(k-1) + \dot{x}_i(k) \cdot k + \dfrac{1}{2}\ddot{x}_i(k) \cdot \Delta t^2
\end{cases} \tag{4-10}
$$

式中,k 为设定的采样时间序号,Δt 为设定采样时间间隔。

正如控制的含义是跟踪和稳定一样,一维车队直道行驶过程中存在的控制问题可描述为:

(1)对于首车而言,针对车队巡航控制策略,设计相应的巡航控制器,使其满足:①首车的速度快速稳定地达到给定值 v_{des},$\lim\limits_{t\to\infty}\dot{x}_1(t) = v_{\mathrm{des}}$;②首车的加速度最终为 0,$\lim\limits_{t\to\infty}\ddot{x}_1(t) = 0$;③首车的加速度变化量为 0,$\lim\limits_{t\to\infty}\dddot{x}_1(t) = 0$。

(2)对于跟随车而言,针对车队跟随控制策略,设计相应的跟随控制器,使其满足:①车间距误差为 0,$\lim\limits_{t\to\infty}\delta(t) = 0$;②车间距误差变化率为 0,$\lim\limits_{t\to\infty}\dot{\delta}(t) = 0$;③车队稳定性条件,$|\delta_i(t)| \leqslant |\delta_{i-1}(t)| + e_t$,式中,$e_t$是 Lyapunov 指数消失项;④当首车车速达到稳定时,第 i 辆车和第 $i-1$辆车之间的相对速度为 0,$\lim\limits_{t\to\infty}|\dot{x}_i(t) - \dot{x}_{i-1}(t)| = 0$;⑤当首车车速达到稳定速度时,被控车的加速度为 0,$\lim\limits_{t\to\infty}\ddot{x}_i(t) = 0$。

第二节　一维车队巡航策略

巡航策略是指领航车辆可以借助车路信息交互,获得整个车队所在路段上合适的车速、车间距等信息,确保车队在该路段上的畅行无阻。一维车队巡航策略主要针对车队中的首车而言,正如上一节指出的一维车队直道行驶过程中存在问题,当车队中的首车获得需要的车队速度时,如何对该速度进行跟踪控制成为巡航策略的关键问题。一维车队巡航策略主要包括两个部分,首车速度控制模型和相应的巡航控制律,同时,设计的巡航控制律应能保证首车速度控制系统的稳定性。

一、车速控制模型

从式(4-9)表示的一维车队系统的状态方程可以看出,一维车队系统所要控制的是被控车辆的加速度变化量,根据计算得到的加速度变化量,利用式(4-10)求得相应的加速度、速度及位移等车辆状态信息。在建立首车速度控制模型时,将一维车队系统的状态方程式(4-9)进行简化,就可以得到关于首车的二阶速度控制模型:

$$
\ddot{v} = f(v,\dot{v}) + f(v)u + d(t) \tag{4-11}
$$

式中,

$$
f(v,\dot{v}) = -\frac{1}{\tau(v)}\left(\dot{v} + \frac{k_d}{m}v^2 + \frac{k_m}{m} + \mu g\right) - 2\frac{k_d}{m}v\dot{v}
$$

$$
f(v) = \frac{1}{m\tau(v)}
$$

$$d(t)=\frac{\dot{d}_1(t)+d_2(t)}{m_i}$$

这样,采用设计好的车速控制律 u,就可以利用下式求出不同时刻首车的加速度和速度:

$$\begin{cases}\dot{v}(k)=\dot{v}(k-1)+\ddot{v}(k)\\ v(k)=v(k-1)+\dot{v}(k)\cdot\Delta t\end{cases}\tag{4-12}$$

式中,k 为设定的采样时间序号,Δt 为设定采样时间间隔。

二、基于反演设计的滑模变结构控制律

在建立了关于首车的二阶速度控制模型后,选用基于反演设计的滑模变结构控制方法设计巡航控制律 u。正如第三章提到的,由于车队协同驾驶系统是一个广义的分散控制系统,适于选用分散变结构控制方法开展车队协同驾驶研究。因此本章在设计首车速度控制律时,选用了基于反演设计的滑模变结构控制方法。滑模变结构控制方法为解决建模不精确的非线性系统稳定性和一致性提供了系统的方法,且整个设计过程思路清晰。反演设计(backstepping)是近十年来发展的一种非线性系统稳定设计理论,该方法将复杂非线性系统分解为多个子系统,首先设计最基本子系统的稳定控制器,把每个子系统状态坐标的变化(即中间虚拟控制量)和预先构造的部分 Lyapunov 函数联系起来,再利用中间虚拟控制量和部分 Lyapunov 函数简化控制器的设计,具有直观的稳定性分析[55]。

基于反演滑模控制的首车巡航控制律设计步骤如下:

首先,定义速度误差:

$$e_1=v-v_{\mathrm{d}}\tag{4-13}$$

式中,v_{d}为期望速度。

对式(4-13)两边时间求导,得:

$$\dot{e}_1=\dot{v}-\dot{v}_{\mathrm{d}}\tag{4-14}$$

设定虚拟控制量:

$$\alpha_1=c_1e_1\tag{4-15}$$

式中,$c_1>0$。

接着定义:

$$e_2=\dot{e}_1+\alpha_1=\dot{v}-\dot{v}_{\mathrm{d}}+\alpha_1\tag{4-16}$$

设定 Lyapunov 函数为:

$$V_1=\frac{1}{2}e_1^2\tag{4-17}$$

则

$$\dot{V}_1=e_1\dot{e}_1=e_1(e_2+\dot{v}_{\mathrm{d}}-\alpha_1-\dot{v}_{\mathrm{d}})=e_1(e_2-\alpha_1)\tag{4-18}$$

将式(4-15)带入式(4-18)得:

$$\dot{V}_1=e_1(e_2-c_1e_1)=-c_1e_1^2+e_1e_2\tag{4-19}$$

继续设定 Lyapunov 函数:

$$V_2=V_1+\frac{1}{2}\sigma_2^2\tag{4-20}$$

式中，σ 为切换函数。

定义切换函数为：

$$\sigma = k_1 e_1 + e_2$$

分别对式(4-15)和式(4-16)时间求导，得：

$$\dot{\alpha}_1 = c_1 \dot{e}_1 \tag{4-21}$$

$$\dot{e}_2 = \ddot{v} - \ddot{v}_{\mathrm{d}} - \dot{\alpha}_1 \tag{4-22}$$

带入关于首车的二阶车速控制模型式(4-12)，得：

$$\dot{e}_2 = f(v,\dot{v}) + f(v)u + d(t) - \ddot{v}_{\mathrm{d}} - \dot{\alpha}_1 \tag{4-23}$$

则

$$\dot{V}_2 = \dot{V}_1 + \dot{\sigma}\sigma = -c_1 e_1^2 + e_1 e_2 + \sigma[k_1 \dot{e}_1 + f(v,\dot{v}) + f(v)u + d(t) - \ddot{v}_{\mathrm{d}} - \dot{\alpha}_1] \tag{4-24}$$

设计的巡航控制律为：

$$u = \frac{1}{f(v)}[-f(v,\dot{v}) - k_1 \dot{e}_1 - D\operatorname{sgn}(\sigma) + \ddot{v}_{\mathrm{d}} + \dot{\alpha}_1 - k_2 \sigma] \tag{4-25}$$

式中，$|d(t)| < D$。

由于控制器采用扰动 $d(t)$ 的上界，当 $d(t)$ 未知时，易于造成抖振，将式(4-25)代入式(4-24)得：

$$\begin{aligned} \dot{V}_2 &= -c_1 e_1^2 + e_1 e_2 - k_2 \sigma^2 + d(t)\sigma - D|\sigma| \\ &\leqslant -c_1 e_1^2 + e_1 e_2 - k_2 \sigma^2 + |\sigma|[d(t) - D] \\ &\leqslant -c_1 e_1^2 + e_1 e_2 - k_2 \sigma^2 \end{aligned} \tag{4-26}$$

取

$$\mathrm{P} = \begin{bmatrix} c_1 + k_2 k_1^2 & k_2 k_1 - 0.5 \\ k_2 k_1 - 0.5 & k_2 \end{bmatrix}$$

由于

$$\begin{aligned} &[e_1\ e_2]\begin{bmatrix} c_1 + k_2 k_1^2 & k_2 k_1 - 0.5 \\ k_2 k_1 - 0.5 & k_2 \end{bmatrix}[e_1\quad e_2]\mathrm{T} \\ &= c_1 e_1^2 + k_2 k_1^2 e_1^2 + 2k_2 k_1 e_1 e_2 - e_1 e_2 + k_2 e_2^2 \\ &= c_1 e_1^2 - e_1 e_2 + k_2 \sigma^2 \end{aligned}$$

故式(4-26)可写为：

$$\dot{V}_2 \leqslant -[e_1\ e_2]^{\mathrm{T}} \mathrm{P} [e_1\ e_2]$$

又由于：

$$|\mathrm{P}| = k_2(c_1 + k_2 k_1^2) - (k_2 k_1 - 0.5)^2 = k_2(c_1 + k_1) - 0.25$$

通过取 k_1、k_2、c_1 的值，可使 $|P| > 0$，保证了 P 为正定矩阵，这样 $V_2 \leqslant 0$，保证系统的稳定性。

第三节　一维车队跟随策略

跟随策略是指被控车辆利用车载传感器或车车通信技术获得与前方车辆之间的相对位移和相对速度，以及领航车辆的速度、加速度等状态信息，控制被控车辆的车间距离，从而保证车队行驶的稳定性。一维车队跟随策略主要针对车间距进行控制，因此选择便捷有效的车间距策略是实现一维车队跟随行驶的关键。一维车队跟随策略也包括以下几个方面：被控车车间距控制模型，跟随控制律，同时设计的跟随控制律不仅要保证单车稳定性而且还要保证车队稳定性。

一、车间距控制模型

从式(4-8)表示的第 i 辆车和第 $i-1$ 辆车之间的车间距误差中可以看出，这两辆车的相对距离和被控车的速度反映了车间动力学特性，而式(4-9)反映了被控车辆自身的动力学特性。车队跟随策略需要将车间动力学特性和车辆自身动力学特性结合到一起去考虑，要实现这一点，就必须建立能够反映这两个方面的车间距控制模型。本书在研究一维车队跟随策略时，主要建立了关于被控车辆的二阶车间距控制模型。

首先，对式(4-9)两边求时间的两次导数，得：

$$\ddot{\delta}_i = \ddot{x}_i - \ddot{x}_{i-1} - \lambda_1 \dddot{x}_i \tag{4-27}$$

接着，将式(4-10)带入式(4-27)中，就得到关于被控车辆的二阶车间距控制模型。

$$\ddot{\delta}_i = \ddot{x}_i - \ddot{x}_{i-1} - \lambda_1 [f(\dot{x}_i, \ddot{x}_i) + f(\dot{x}_i) u_i + \frac{D}{m_i}] \tag{4-28}$$

式中，$|d'_1(t) + d_2(t)| \leqslant D$。

二、基于模糊滑模面的滑模变结构控制律

在建立了关于被控车辆的二阶车间距控制模型后，选用模糊滑模变结构控制方法设计跟随控制律。采用模糊方法，以降低抖振来设计模糊规则，可有效地降低滑模控制的抖振。模糊控制可以柔化控制信号，将不连续的控制信号连续化，可减轻或避免一般滑模控制的抖振现象。模糊逻辑还可以实现滑模控制参数的自调整。但是，在常规的模糊滑模控制中，控制目标是直接对跟踪误差入手，模糊控制器的输入都是$(e,\dot{e})$，这种方法对模糊规则要求高。而将控制目标从跟踪误差转化到滑模函数，这样模糊控制器的输入就变成$(s,\dot{s})$，通过设计模糊规则，使滑模面 s 为零。这种方法相对于常规的模糊滑模控制方法来说比较简单，计算量不大。因此，跟随控制律采用基于模糊滑模面的滑模控制方法。具体步骤如下：

首先，定义滑模面切换函数为：

$$\begin{cases} S_i = c_2\delta_i + \dot{\delta}_i \\ \dot{S}_i = c_2\dot{\delta}_i + \ddot{\delta}_i \end{cases} \tag{4-29}$$

接着，构建模糊滑模面控制器，设控制器的输入是 S 和 $\dot{S}$，输出是车间距控制律 u。S，S 和 u 的论域和模糊子集分别是$\{-3,-2,-1,0,1,2,3\}$和$\{NB,NM,NS,ZO,PS,PM,PB\}$。

上述模糊化变量的隶属度函数如图 4-1 所示。根据驾驶经验和控制要求设计的模糊规则见表 4-1[56]。

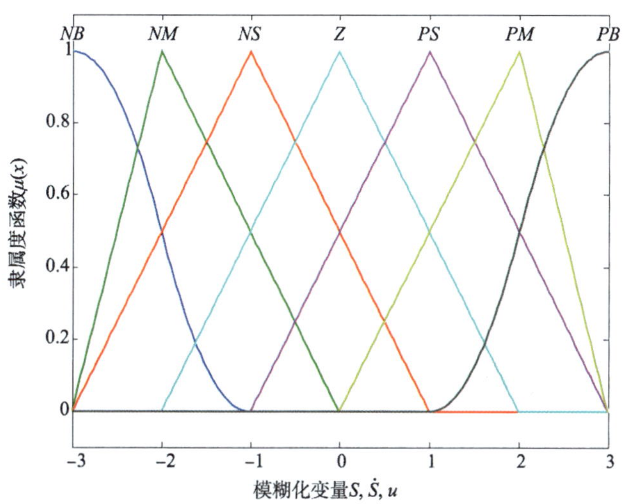

图 4-1　模糊化变量的隶属度函数曲线

模糊控制规则表　　表 4-1

u		$\dot{S}$						
		NB	NM	NS	ZO	PS	PM	PB
S	PB	ZO	PS	PM	PB	PB	PB	PB
	PM	NS	ZO	PS	PM	PB	PB	PB
	PS	NM	NS	ZO	PS	PM	PB	PB
	ZO	NB	NM	NS	ZO	PS	PM	PB
	NS	NB	NB	NM	NS	ZO	PS	PM
	NM	NB	NB	NB	NM	NS	ZO	PS
	NB	NB	NB	NB	NB	NM	NS	ZO

从表 4-1 中可以看出，当 S 和 $\dot{S}$ 都为正大，意味着 $S\dot{S}$是正大，那么 u 就需要一个大的正的变化，以使 $S\dot{S}$快速减少；当 $S\dot{S}$小于零，为期望的状态，u 变化量为零；当 S 和 $\dot{S}$ 都为负大，意味着 $S\dot{S}$是正大，那么 u 就需要一个大的负的变化，以使 $S\dot{S}$快速减少，从而保证设计的模糊滑模面控制器是稳定的。

这样，滑模切换函数模糊化的表达式为：

$$u_{i,1}=\frac{\mu_{PB}(S_i)}{PB}+\frac{\mu_{PM}(S_i)}{PM}+\frac{\mu_{PS}(S_i)}{PS}+\frac{\mu_{ZO}(S_i)}{ZO}+\frac{\mu_{NS}(S_i)}{NS}+\frac{\mu_{NM}(S_i)}{NM}+\frac{\mu_{NB}(S_i)}{NB}$$

$$u_{i,2}=\frac{\mu_{PB}(\dot{S}_i)}{PB}+\frac{\mu_{PM}(\dot{S}_i)}{PM}+\frac{\mu_{PS}(\dot{S}_i)}{PS}+\frac{\mu_{ZO}(\dot{S}_i)}{ZO}+\frac{\mu_{NS}(\dot{S}_i)}{NS}+\frac{\mu_{NM}(\dot{S}_i)}{NM}+\frac{\mu_{NB}(\dot{S}_i)}{NB}$$

所以，基于模糊滑模控制的车间距控制器为：

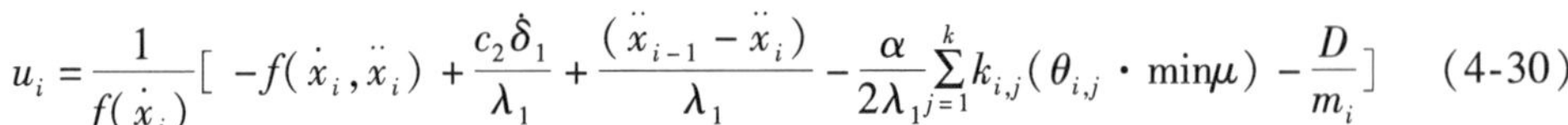

$$u_i = \frac{1}{f(\dot{x}_i)}\left[-f(\dot{x}_i,\ddot{x}_i) + \frac{c_2\dot{\delta}_1}{\lambda_1} + \frac{(\ddot{x}_{i-1}-\ddot{x}_i)}{\lambda_1} - \frac{\alpha}{2\lambda_1}\sum_{j=1}^{k} k_{i,j}(\theta_{i,j}\cdot \min\mu) - \frac{D}{m_i}\right] \tag{4-30}$$

式中，$\theta_{i,j}$为第 i 辆车的第 j 条模糊规则的修正系数，$k_{i,j}$为第 i 辆车第 j 条规则中输出的模糊集合的隶属度函数的中心值，$\min\mu$ 为 $\min[\mu_{i,j}(s),\mu_{i,j}(\dot{S})]\mu_{i,j}(S),\mu_{i,j}(\dot{S})$分别为隶属度值，$\min[\mu_{i,j}(S),\mu_{i,j}(\dot{S})]$为第 j 条模糊规则的权值。

三、车队稳定性证明

车队稳定性包括单车稳定性和队列稳定性。在证明车队稳定性之前，首先需要证明单车稳定性。根据设计的车间距控制律，定义 Lyapunov 函数 V_1为：

$$V_1 = \frac{1}{2}\frac{m_i\tau_i(\dot{x}_i)}{\lambda_1}S^2 \tag{4-31}$$

则

$$\begin{aligned}
\dot{V}_1 &= \frac{m_i\tau_i(\dot{x}_i)}{\lambda_1}S\left[c_2\dot{\delta}_1 + \ddot{x}_{i-1} - \ddot{x}_i - \lambda_1\left(f(\dot{x}_i,\ddot{x}_i) + f(\dot{x}_i)u_i + \frac{\dot{d}_1(t)+d_2(t)}{m_i}\right)\right] \\
&= c_2\dot{\delta}_1\frac{m_i\tau_i(\dot{x}_i)}{\lambda_1}S + (\ddot{x}_{i-1}-\ddot{x}_i)\frac{m_i\tau_i(\dot{x}_i)}{\lambda_1}S - m_i\tau_i(\dot{x}_i)S\left[f(\dot{x}_i,\ddot{x}_i) + f(\dot{x}_i)u_i + \frac{D}{m_i}\right] \\
&= \frac{m_i\tau_i(\dot{x}_i)}{\lambda_1}\left\{c_2\dot{\delta}_1 S + (\ddot{x}_{i-1}-\ddot{x}_i)S - \lambda_1 S\left[f(\dot{x}_i,\ddot{x}_i) + f(\dot{x}_i)u_i + \frac{D}{m_i}\right]\right\} \\
&\leqslant b_2\left[c_2\dot{\delta}_1 S + (\ddot{x}_{i-1}-\ddot{x}_i)S - \lambda_1 S\left(f(\dot{x}_i,\ddot{x}_i) + f(\dot{x}_i)u_i + \frac{D}{m_i}\right)\right] \\
&\leqslant b_2\left[c_2\dot{\delta}_1 S + (\ddot{x}_{i-1}-\ddot{x}_i)S - c_2\dot{\delta}_1 S - (\ddot{x}_{i-1}-\ddot{x}_i)S - \frac{\alpha}{2}S^2\right] \\
&\leqslant -\frac{\alpha}{2}b_2 S^2 \leqslant -\alpha\frac{1}{2}\frac{m_i\tau_i(\dot{x}_i)}{\lambda_1}S^2 = -\alpha V_1(t)
\end{aligned} \tag{4-32}$$

因此，可以得到 $S(t)$ 的指数收敛特性，如下所示。δ_i和 $\dot{\delta}_i$ 以指数速度收敛到零，收敛速度取决于车辆控制参数，这样，单车稳定性证明完毕。

$$\frac{b_1}{2}S^2 \leqslant V_1(t) \leqslant V_1(0)\mathrm{e}^{-\alpha t}, \quad \forall t\in[0,\infty) \tag{4-33}$$

接下来，需要证明车队稳定性。根据车队稳定性的相关定义，如本书中的式(4-1)、式(4-2)和式(4-3)，如果车队稳定性条件成立，那么 $\|\delta_i\|_2 \leqslant \|\delta_{i-1}\|_2$，这样就得到第 i 辆车的车间距误差小于或等于第$(i-1)$辆车的车间距误差，从而证明在车队行驶过程中，车间距误差不会随着车队行驶方向而繁衍到整个车队。但是，上述条件只能使 $\int_0^\infty |\delta_i|^2\mathrm{d}t \leqslant \int_0^\infty |\delta_{i-1}|^2\mathrm{d}t$ 成立，而车队行驶稳定性更需满足直接条件$|\delta_i| \leqslant |\delta_{i-1}|$，从而完成车队稳定性的证明。本书在分析一维车队稳定性条件时，即证明$|\delta_i| \leqslant |\delta_{i-1}|$时，根据车间距控制器具有指数收敛特性，提出了系统在非零初始状态下含有指数消失项，并将其引入车队稳定性证明中，如下所示。

$$|\delta_i(t)| \leqslant |\delta_{i-1}(t)| + \mathrm{e}_t \tag{4-34}$$

式中，e_t代表指数消失项。

因为

$$\dot{\delta}_{i-1} = -c_2\delta_{i-1} + S_{i-1}$$

$$\dot{\delta}_i = -c_2\delta_i + S_i$$

定义

$$z = \delta_i - \delta_{i-1}$$

则

$$\dot{z} = -c_2 z + S_i(t) - S_{i-1}(t)$$

根据 Lyapunov 第二方法，定义正定函数 V_2：

$$V_2 = \frac{1}{2}z^2 + \frac{1}{2}\frac{V_i(0)}{b_1}\mathrm{e}^{-\alpha_i t} + \frac{1}{2}\frac{V_{i-1}(0)}{b_1}\mathrm{e}^{-\alpha_{i-1}t} \tag{4-35}$$

式中

$$V_i(t) = \frac{1}{2}\frac{m_i\tau_i(\dot{x}_i)}{\lambda_1}S_i^{\ 2}(t)$$

$$V_{i-1}(t) = \frac{1}{2}\frac{m_{i-1}\tau_{i-1}(\dot{x}_{i-1})}{\lambda_1}S_{i-1}^{\ 2}(t)$$

那么

$$\dot{V}_2 = z[-c_2 z + S_i(t) - S_{i-1}(t)] - \frac{\alpha_i}{2}\frac{V_i(0)}{b_1}\mathrm{e}^{-\alpha_i t} - \frac{\alpha_{i-1}}{2}\frac{V_{i-1}(0)}{b_1}\mathrm{e}^{-\alpha_{i-1}t}$$

$$\leqslant -c_2 z^2 + z^2 + \frac{1}{2}S_i^{\ 2}(t) + \frac{1}{2}S_{i-1}^2(t) - \frac{\alpha_i}{2}\frac{V_i(0)}{b_1}\mathrm{e}^{-\alpha_i t} - \frac{\alpha_{i-1}}{2}\frac{V_{i-1}(0)}{b_1}\mathrm{e}^{-\alpha_{i-1}t}$$

$$\leqslant(-c_2+1)z^2 + \frac{1}{2}\frac{V_i(0)}{b_1}\mathrm{e}^{-\alpha_i t} - \frac{\alpha_i}{2}\frac{V_i(0)}{b_1}\mathrm{e}^{-\alpha_i t} + \frac{1}{2}\frac{V_{i-1}(0)}{b_1}\mathrm{e}^{-\alpha_{i-1}t} - \frac{\alpha_{i-1}}{2}\frac{V_{i-1}(0)}{b_1}\mathrm{e}^{-\alpha_{i-1}t}$$

规定

$$1 - \alpha_i = -\alpha_{i,1}$$

$$1 - \alpha_{i-1} = -\alpha_{i-1,1}$$

则

$$\dot{V}_2 \leqslant (1-c_2)z^2 - \alpha_{i,1}\frac{1}{2}\frac{V_i(0)}{b_1}\mathrm{e}^{-\alpha_i t} - \alpha_{i-1,1}\frac{1}{2}\frac{V_{i-1}(0)}{b_1}\mathrm{e}^{-\alpha_{i-1}t}$$

$$= -\beta V_2(t)$$

式中，$\beta = \min\{2(1-c_2), \alpha_{i,1}, \alpha_{i-1,1}\}$。

即

$$V_2 = -\beta V_2$$

也就是说，

$$V_2 \leqslant V_2(0)\mathrm{e}^{-\beta t}$$

或者

$$\frac{1}{2}z^2(t)+\frac{1}{2}\frac{V_i(0)}{b_1}\mathrm{e}^{-\alpha_i t}+\frac{1}{2}\frac{V_{i-1}(0)}{b_1}\mathrm{e}^{-\alpha_{i-1}t}\leqslant\left[\frac{1}{2}z^2(0)+\frac{1}{2}\frac{V_i(0)}{b_1}+\frac{1}{2}\frac{V_{i-1}(0)}{b_1}\right]\mathrm{e}^{-\beta t}$$

因此,车队稳定性条件如下所示:

$$|\delta_i(t)-\delta_{i-1}(t)|\leqslant\left\{\left[\frac{1}{2}z|^{\delta_i}(0)-\delta_{i-1}(0)|^2+\frac{1}{2}\frac{V_i(0)}{b_1}+\frac{1}{2}\frac{V_{i-1}(0)}{b_1}\right]\mathrm{e}^{-\beta t}-\frac{1}{2}\frac{V_i(0)}{b_1}\mathrm{e}^{-\alpha_i t}-\frac{1}{2}\frac{V_{i-1}(0)}{b_1}\mathrm{e}^{-\alpha_{i-1}t}\right\}^{\frac{1}{2}}\tag{4-36}$$

整理后

$$|\delta_i(t)|\leqslant|\delta_{i-1}(t)|+\left\{\left[\frac{1}{2}z|^{\delta_i}(0)-\delta_{i-1}(0)|^2+\frac{1}{2}\frac{V_i(0)}{b_1}+\frac{1}{2}\frac{V_{i-1}(0)}{b_1}\right]\mathrm{e}^{-\beta t}-\frac{1}{2}\frac{V_i(0)}{b_1}\mathrm{e}^{-\alpha_i t}-\frac{1}{2}\frac{V_{i-1}(0)}{b_1}\mathrm{e}^{-\alpha_{i-1}t}\right\}^{\frac{1}{2}}$$

到此,车队行驶稳定性证毕。根据滑模切换函数的指数收敛特性,增加指数因子 e_t 证明指数稳定性,从而保证车队行驶稳定性。

第四节　一维车队直道行驶 MATALB 仿真

为了测试设计的一维车队车速和车间距控制器,展开一系列仿真试验来验证控制器的有效性和稳定性。一维车队系统参数如表 4-2 所示。

一维车队系统参数　　表 4-2

m/kg	$k_d(\mathrm{Ns^2\cdot m^{-2}})$	$k_m(\mathrm{N\cdot m^{-1}})$	τ	μ	$g(\mathrm{m\cdot s^{-2}})$	λ_1	c_1	c_2	k_1	k_2
1500	0.3	140	0.2	0.02	9.8	0.02	2	2	260	340

一、巡航策略 MATLAB 仿真

仿真 1 假设首车控制系统在没有外部扰动的情况下,即 $d(t)=0$,分别采用普通滑模控制算法和基于反演设计的滑模控制算法开展首车启动速度跟踪仿真试验。首车速度从 0m/s 变化到 10m/s,其速度、加速度及控制量变化的仿真结果如图 4-2 和图 4-3 所示。

比较图 4-2 和图 4-3 可以看出,采用反演滑模控制算法使首车速度控制系统具有良好的动静态性能,并有效地降低了抖振,实现对首车车速的跟踪控制。

仿真 2 考虑控制系统存在外部扰动,采用反演滑模控制算法开展首车启动速度跟踪仿真试验。假定外部扰动 $d(t)$ 为:

$$d(t)=\begin{cases}0, & t<100T\\ a\left[1-\mathrm{e}^{-b(t-100T)}\right], & 100T\leqslant t\leqslant 200T\\ 0, & t>200T\end{cases}$$

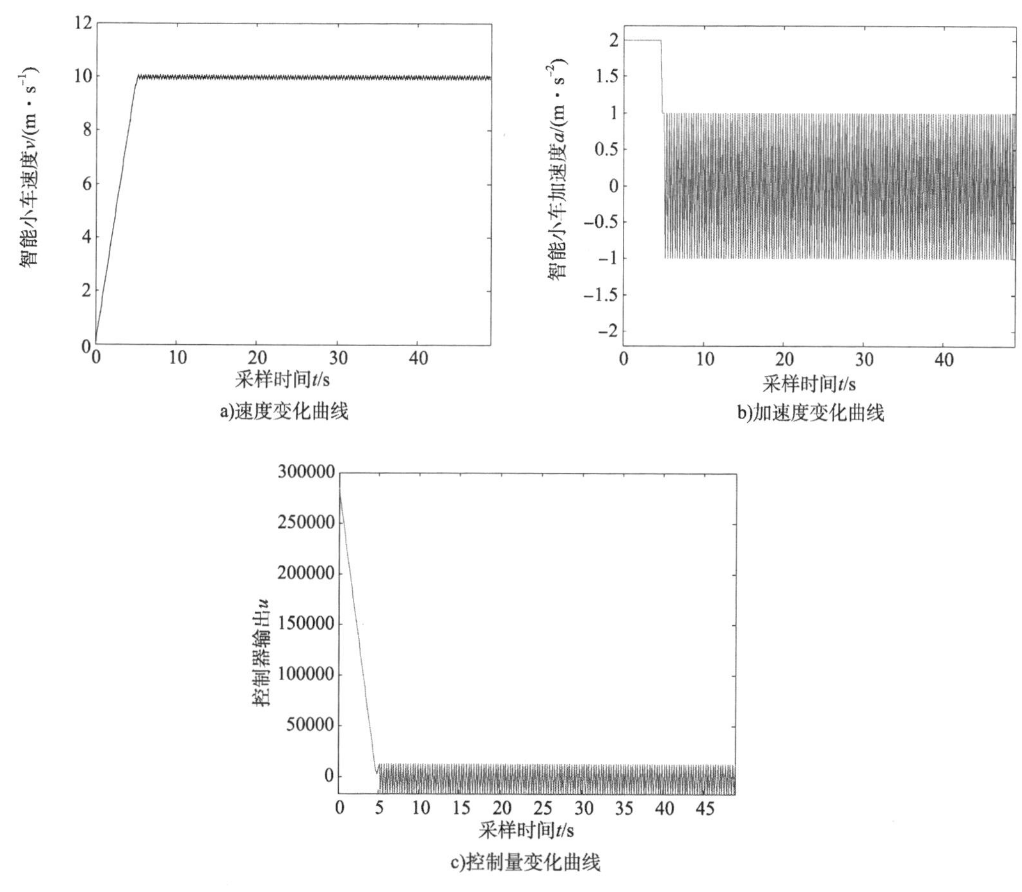

图 4-2　基于普通滑模控制的首车速度跟踪仿真

取 $a=800$，$b=0.2$，采样周期 $T=0.15$，外部扰动如图 4-4 所示。

从图 4-5 可以看出，即使首车速度控制系统存在外部扰动，采用反演滑模控制算法仍可以对首车车速进行跟踪控制。

仿真 3 采用反演滑模控制算法开展首车变工况速度跟踪仿真试验。首车车速先从 0m/s 增加到 10m/s 再到 20m/s，然后从 20m/s 减小到 10m/s，相应的速度及加速度变化的仿真结果如图 4-6 所示。从仿真结果可以看出，设计的车速控制器在变工况下都能够很好地跟踪首车的速度，使车速快速平稳地达到给定值，有效性和稳定性满足要求。

二、跟随策略 MATLAB 仿真

仿真 4 假设一列 6 辆车队具有相同的车辆控制参数。此外，该车队控制系统不存在外部扰动，采用模糊滑模面控制算法开展 6 辆车变工况跟随策略仿真试验。首车先以 2m/s^2 的加速度，从 0m/s 加速到 30m/s，然后再以 -2m/s^2 的加速度，从 30m/s 减速到 10m/s。相应的车间距、速度及加速度变化的仿真结果如图 4-7 所示。

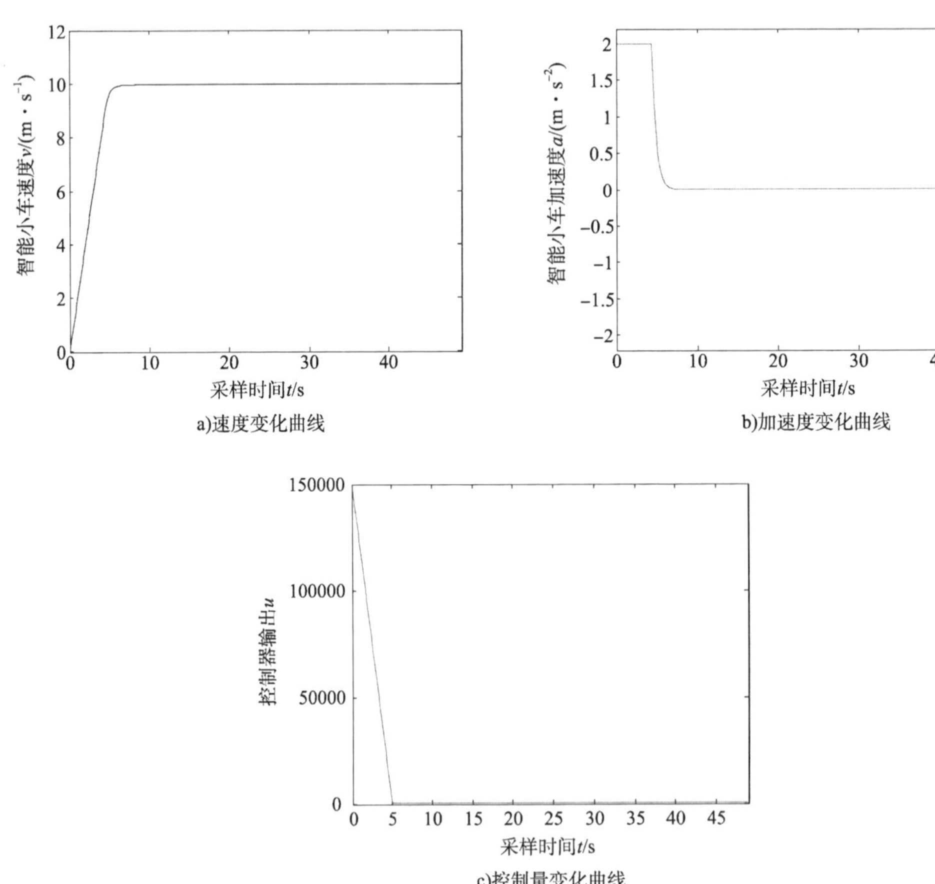

a)速度变化曲线

b)加速度变化曲线

c)控制量变化曲线

图 4-3　基于反演滑模控制的首车速度跟踪仿真

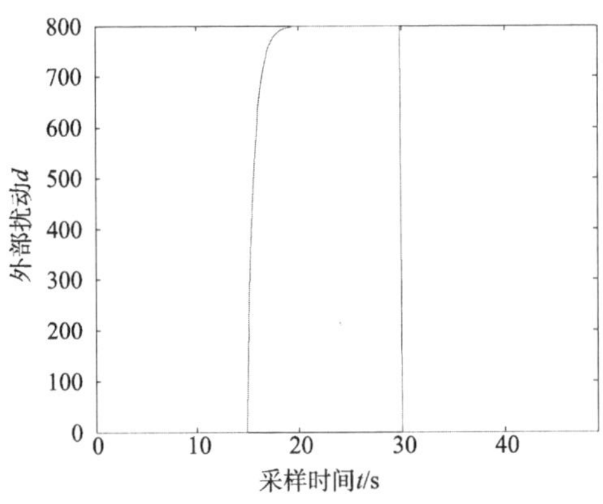

图 4-4　外部扰动示意图

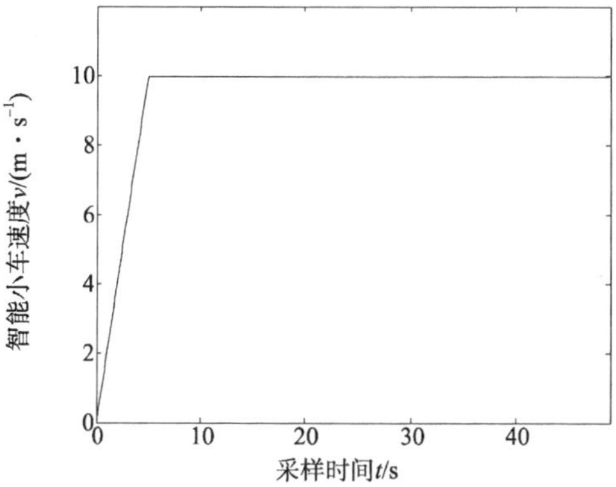

a)速度变化曲线

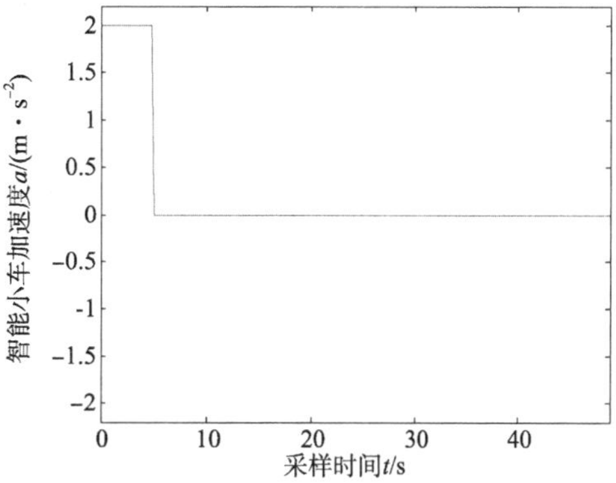

b)加速度变化曲线

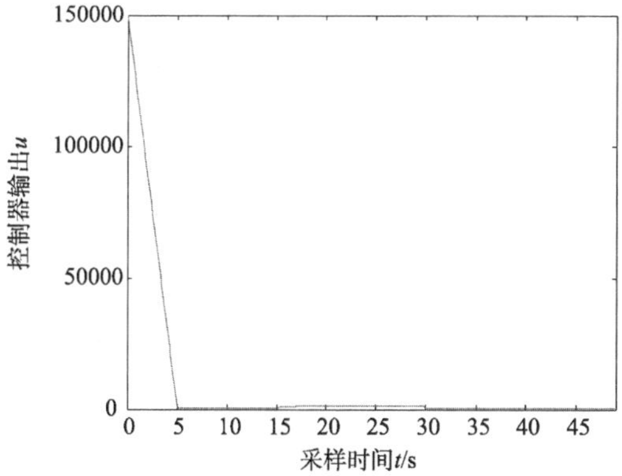

c)控制量变化曲线

图 4-5 外部扰动下首车启动速度跟踪仿真

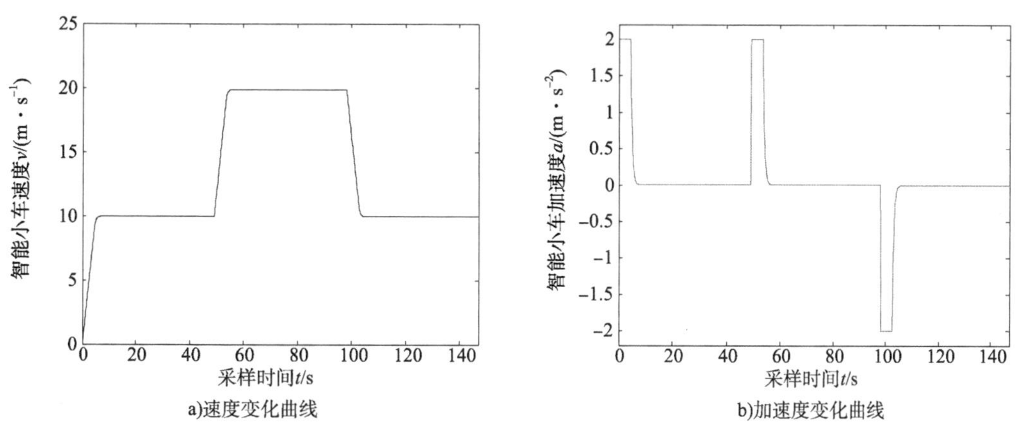

a)速度变化曲线

b)加速度变化曲线

图 4-6 基于反演滑模控制的首车变工况车速跟踪仿真

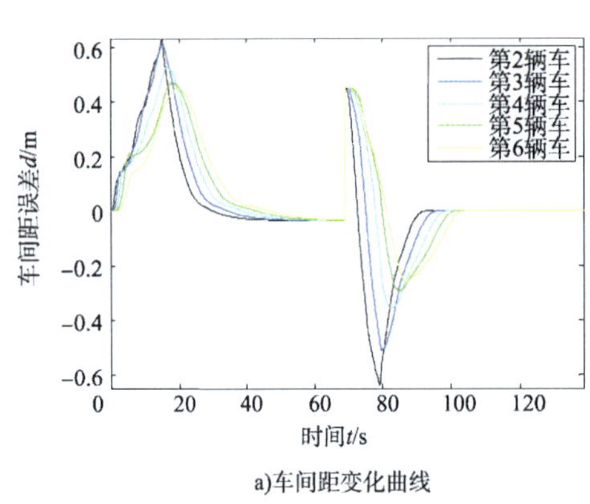

a)车间距变化曲线

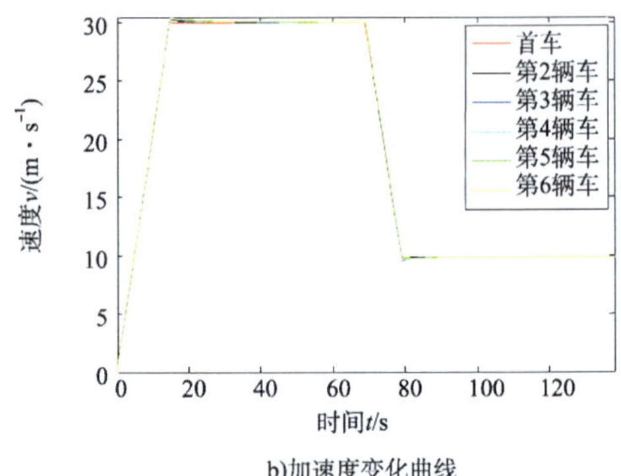

b)加速度变化曲线

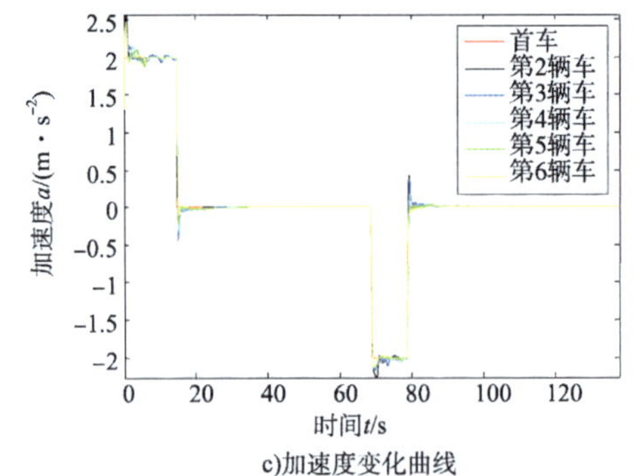

c)加速度变化曲线

图 4-7　基于模糊滑模面控制的 6 辆车变工况跟随策略仿真

从图 4-7 可以看出,采用模糊滑模面控制算法,通过设计的模糊规则,利用隶属度函数降低滑模控制量增益,并有效地降低了抖振,实现了 6 辆车变工况下跟随行驶,具有良好的跟踪性能,并且能够保证车队稳定性。

仿真 5 为了考察参数不确定性及外部扰动对车队稳定性的影响,假定 6 辆车具有不同的车辆参数和时变扰动,分别采用普通模糊滑模控制算法和模糊滑模面控制算法开展 5 辆车变工况跟随策略仿真试验。首车速度仍从 0m/s 加速到 30m/s,然后从 30m/s 减速到 10m/s。假定时变扰动 $d(t)$ 为:

$$d(t)=\begin{cases}0, & t<180T\\ a\cdot\left[1-\mathrm{e}^{-b(t-180T)}\right], & 180T\leqslant t\leqslant 360T\\ 0, & 360T\leqslant t\leqslant 640T\\ a\cdot\left[1-\mathrm{e}^{-b(t-640T)}\right], & 640T\leqslant t\leqslant 820T\\ 0, & t<820T\end{cases}$$

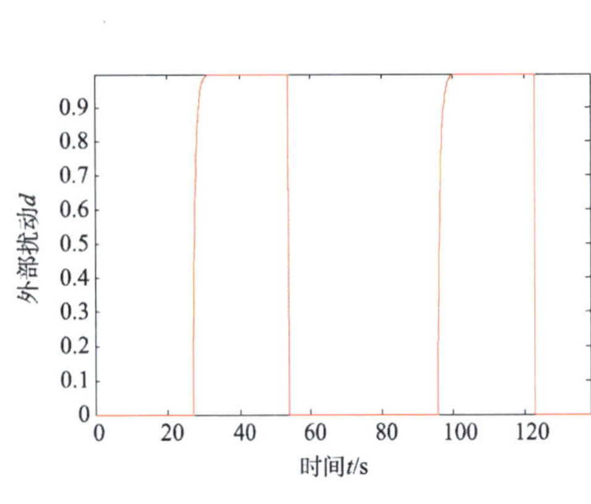

图 4-8　外部扰动示意图

取 $a=1$,$b=0.2$,采样周期 $T=0.15$,外部扰动如图 4-8 所示。两种算法对应的车间距、速度及加速度变化的仿真结果如图 4-9 和图 4-10 所示。

通过对比图 4-9 和图 4-10 可以发现,即使一维车队控制系统存在时变扰动及车队系统参数不确定,采用模糊滑模面控制算法仍能保证车队稳定性。

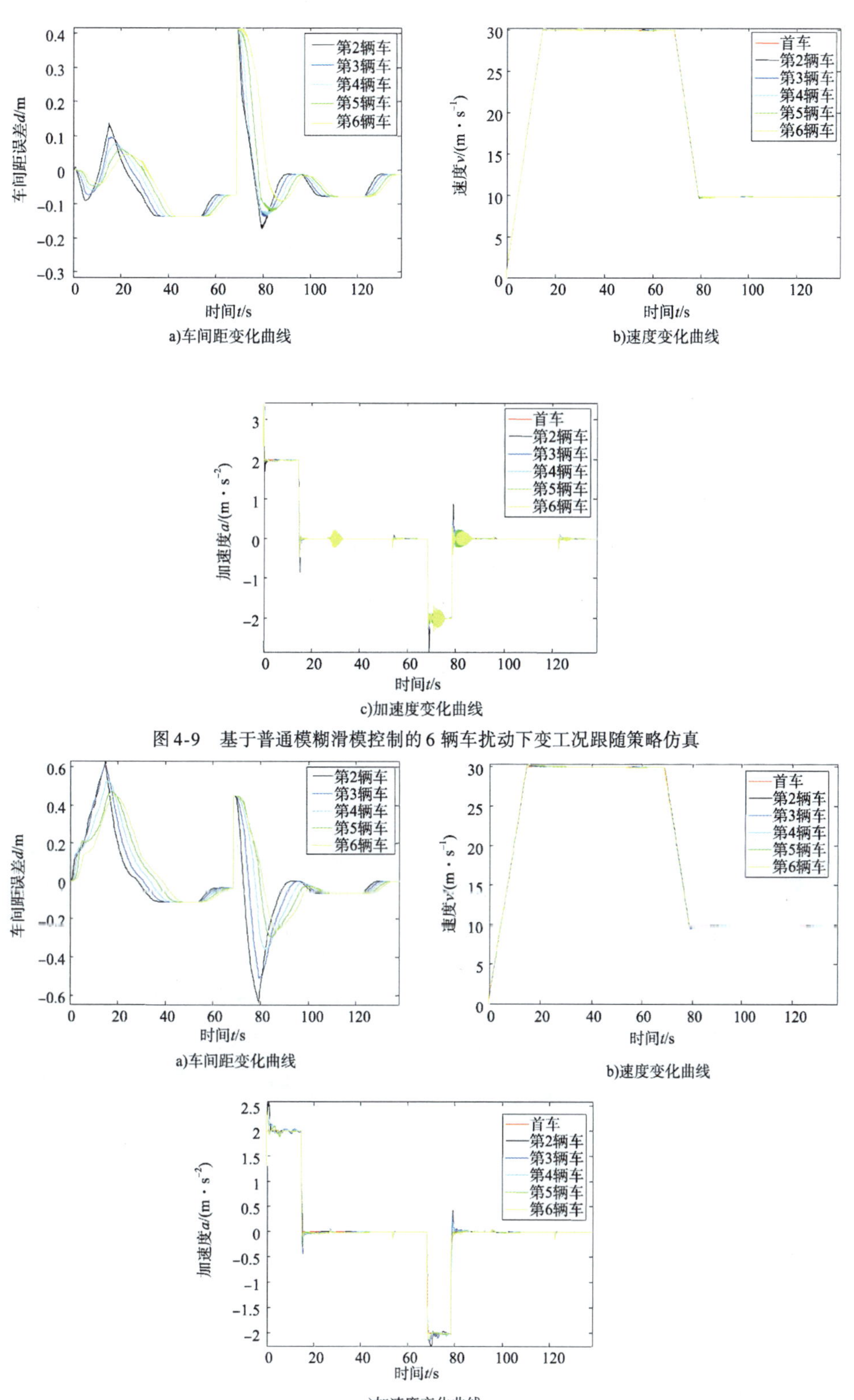

a)车间距变化曲线

b)速度变化曲线

c)加速度变化曲线

图 4-9　基于普通模糊滑模控制的 6 辆车扰动下变工况跟随策略仿真

a)车间距变化曲线

b)速度变化曲线

c)加速度变化曲线

图 4-10　基于模糊滑模面控制的 6 辆车扰动下变工况跟随策略仿真

第五章　二维车队弯道行驶建模与控制

上一章开展了一维车队直道行驶建模与控制研究，主要将车队纵向控制和横向控制分开设计，建立了一维车队纵向控制模型，忽略了纵横向耦合的影响，这样会导致车队纵向控制器误差偏大，从而会影响控制精度。本章将开展二维车队弯道行驶研究，首先分析二维车队纵横向耦合影响，提出二维车队弯道建模与控制问题；接着在弯道路况下对二维车队换道策略、超车策略及车道保持策略进行分析，建立二维车队纵横向耦合控制系统，包括纵向跟踪控制模型、横向与横摆跟踪控制模型；然后设计相应的耦合控制律；最后在 MATLAB 环境下验证控制律设计的有效性和稳定性。

第一节　二维车队建模与控制问题

二维车队是指行驶在弯道或交叉口环境下的协同驾驶车队。由于二维车队需要考虑纵横向耦合影响，因此二维车队系统是一个多输入多输出系统（MIMO）。多输入多输出系统要比单输入单输出系统复杂得多，因为系统的每个输出量由于耦合影响可能同时受到几个输入量的控制和影响。考虑纵横向耦合的车辆模型一般按自由度划分，即根据系统在给定时刻的状态所需要独立变量的个数决定。文献中通常记载了 3、12 及 18 自由度的车辆整车模型[57]。自由度越高，模型越复杂，使其所需要的参数剧增，就会给建模和仿真带来很大的困难。本书借鉴文献[58]提出的 3 自由度车辆整车建模方法对二维车队进行建模，该方法仅考虑车辆纵向、横向及横摆运动这三个自由度，忽略车辆侧倾、俯仰及车身跳动，忽略车辆悬架系统的影响，不对车辆制动、加速和转向系统建模。直接把牵引力和前轮转角作为控制输入，而代表车辆动力学的状态变量根据三个自由度分为纵向位移、速度及加速度；横向位移、速度及加速度；横摆角和横摆角速度。整车模型如图 5-1 所示。

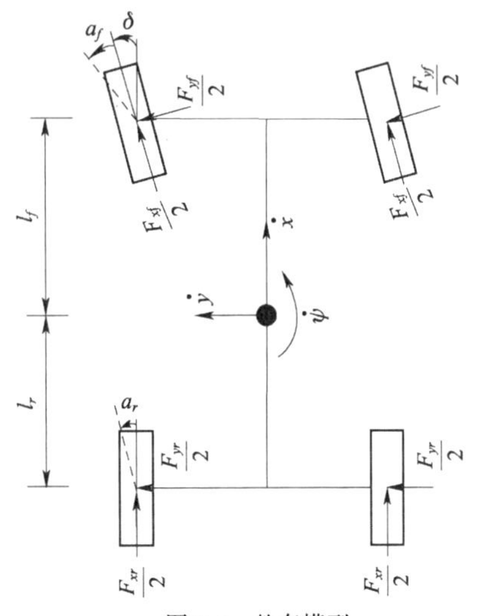

图 5-1　整车模型

二维车队具体建模过程如下：

根据整车模型图 5-1 可知，二维车队中第 i 辆各方向上的动力学方程为：

$$\begin{cases} m_i(\ddot{x}_i - \dot{\psi}_i \cdot \dot{y}_i) = F_{xr,i} + F_{xf,i}\cos\delta_i - F_{yf,i}\sin\delta_i - k_{D,i}\dot{x}_i^2 \\ m_i(\ddot{y}_i + \dot{\psi}_i \cdot \dot{x}_i) = F_{yr,i} + F_{xf,i}\sin\delta_i + F_{yf,i}\cos\delta_i \\ I_{z,i}\ddot{\psi}_i = l_{f,i}F_{xf,i}\sin\delta_i + l_{f,i}F_{yf,i}\cos\delta_i - l_{r,i}F_{yr,i} \end{cases} \tag{5-1}$$

式中，x_i、y_i、ψ_i分别是车辆的纵向速度、横向速度及横摆角速度；δ_i为车辆的前轮转角；$F_{xf,i}$和$F_{xr,i}$分别是车辆前后轮胎的纵向力；$F_{yf,i}$和$F_{yr,i}$分别是车辆前后轮胎的横向力；$k_{D,i}$为车辆纵向空气阻力系数；$I_{z,i}$为车辆绕垂直轴的转动惯量；$l_{f,i}$和$l_{r,i}$分别为车辆质心到前后轴的距离。

第 i 辆车的轮胎侧偏角 α_i定义为：

$$\alpha_i = \tan^{-1}\left(\frac{\dot{y}_{g,i}}{\dot{x}_{g,i}}\right) - \delta_i \tag{5-2}$$

式中，$y_{g,i}$和$x_{g,i} = x_i \pm (c_i/2)\psi_i$分别为车辆在水平面上的横向速度和纵向速度；$c_i$为车辆轮轴长度。

假设$x_{g,i} \gg y_{g,i}$，$x_i \gg \psi_i$，那么第 i 辆车前后轮胎的侧偏角分别近似为：

$$\begin{cases} \alpha_{f,i} = \dfrac{\dot{y}_i + l_{f,i}\dot{\psi}_i}{\dot{x}_i} - \delta_i \\ \alpha_{r,i} = \dfrac{\dot{y}_i - l_{r,i}\dot{\psi}_i}{\dot{x}_i} \end{cases} \tag{5-3}$$

根据式(5-3)，采用线性轮胎模型，就得到第 i 辆车前后轮胎的横向力为：

$$\begin{cases} F_{yf,i} = -C_{f,i}\alpha_{f,i} \\ F_{yr,i} = -C_{r,i}\alpha_{r,i} \end{cases} \tag{5-4}$$

式中，$C_{f,i}$和$C_{r,i}$分别是前后车轮的侧偏刚度。

此外，第 i 辆车前后轮胎的纵向力分别为：

$$\begin{cases} F_{xf,i} = F_i - \mu_i \dfrac{l_{r,i}}{l_{f,i} + l_{r,i}}(m_i g - k_{L,i}\dot{x}_i^2) \\ F_{xr,i} = -\mu_i \dfrac{l_{f,i}}{l_{f,i} + l_{r,i}}(m_i g - k_{L,i}\dot{x}_i^2) \end{cases} \tag{5-5}$$

式中，F_i为车轮上的合力；μ_i和$k_{L,i}$分别是车辆滚动摩擦系数和空气垂向升力系数。

整理以上方程后可得二维车队中第 i 辆车的纵横向耦合动力学模型：

$$\begin{cases} m_i\ddot{x}_i = \left[F_i - \mu_i \dfrac{l_{r,i}}{l_{f,i} + l_{r,i}}(m_i g - k_{L,i}\dot{x}_i^2)\right]\cos\delta_i + C_{f,i}\left(\dfrac{\dot{y}_i + l_{f,i}\dot{\psi}_i}{\dot{x}_i} - \delta_i\right)\sin\delta_i + m_i\dot{y}_i\dot{\psi}_i \\ \quad -\mu_i \dfrac{l_{f,i}}{l_{f,i} + l_{r,i}}(m_i g - k_{L,i}\dot{x}_i^2) - k_{D,i}\dot{x}_i^2 \\ m_i\ddot{y}_i = \left[F_i - \mu_i \dfrac{l_{r,i}}{l_{f,i} + l_{r,i}}(m_i g - k_{L,i}\dot{x}_i^2)\right]\sin\delta_i - C_{f,i}\left(\dfrac{\dot{y}_i + l_{f,i}\dot{\psi}_i}{\dot{x}_i} - \delta_i\right)\cos\delta_i - m_i\dot{x}_i\dot{\psi}_i \\ \quad - C_{r,i}\left(\dfrac{\dot{y}_i - l_{r,i}\dot{\psi}_i}{\dot{x}_i}\right) \end{cases}$$

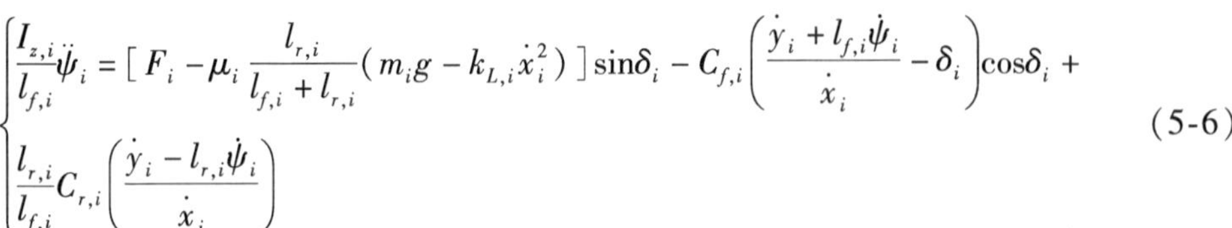

$$\begin{cases}\dfrac{I_{z,i}}{l_{f,i}}\ddot{\psi}_i=\left[F_i-\mu_i\dfrac{l_{r,i}}{l_{f,i}+l_{r,i}}(m_ig-k_{L,i}\dot{x}_i^2)\right]\sin\delta_i-C_{f,i}\left(\dfrac{\dot{y}_i+l_{f,i}\dot{\psi}_i}{\dot{x}_i}-\delta_i\right)\cos\delta_i+\\ \dfrac{l_{r,i}}{l_{f,i}}C_{r,i}\left(\dfrac{\dot{y}_i-l_{r,i}\dot{\psi}_i}{\dot{x}_i}\right)\end{cases} \tag{5-6}$$

假设 $\cos\delta\approx1,\sin\delta\approx\delta$,则式 5-6 可变为:

$$\begin{cases}\ddot{x}_i=a_{1,i}\dot{x}_i^2+\dot{y}_i\dot{\psi}_i+\dfrac{F_i-F_{yf,i}\delta_i}{m_i}-\mu_ig\\ \ddot{y}_i=-a_{2,i}\dfrac{\dot{y}_i}{\dot{x}_i}-\left(\dot{x}_i+\dfrac{k_ia_{3,i}}{\dot{x}_i}\right)\dot{\psi}_i+\dfrac{F_{xf,i}+C_{f,i}}{m_i}\delta_i\\ \ddot{\psi}_i=-a_{4,i}\dfrac{\dot{\psi}_i}{\dot{x}_i}-a_{3,i}\dfrac{\dot{y}_i}{\dot{x}_i}+\dfrac{l_{f,i}}{I_{z,i}}\left(\dfrac{F_{xf,i}+C_{f,i}}{m_i}\delta_i\right)\end{cases} \tag{5-7}$$

式中

$$\begin{cases}a_{1,i}=\dfrac{\mu_ik_{L,i}-k_{D,i}}{m_i}\\ a_{2,i}=\dfrac{C_{f,i}+C_{r,i}}{m_i}\\ a_{3,i}=\dfrac{C_{f,i}l_{f,i}-C_{r,i}l_{r,i}}{I_{z,i}}\\ a_{4,i}=\dfrac{C_{f,i}l_{f,i}^2+C_{r,i}l_{r,i}^2}{I_{z,i}}\\ k_i=\dfrac{I_{z,i}}{m_i}\end{cases}$$

式(5-7)展示的二维车队纵横向耦合动力学模型是基于车辆质心的动力学方程,但是对于真实车辆的横向动力学特性来说,横向位移往往是根据传感器的安装位置到道路中心线的垂直距离决定的,如图 5-2 所示。图中 C 为车辆质心,如果采用磁导航方式,传感器一般都安装在保险杠底部,那么横向位移就是指车辆保险杠到道路中心线的垂直距离,如图中的 y_B;又如采用视觉导航方式,横向位移就是指预瞄点到道路中心线的垂直距离,如图中的 y_A。因此,需要对式(5-7)中的横向动力学方程进行变换,用传感器的安装位置到道路中心线的垂直距离 y_s 替换 y。

假设 ψ_r 为道路中心线与车体纵轴之间的横摆角,d_s 为传感器安装位置到车辆质心之间的水平距离,那么 y_s、y、ψ_r 之间的近似关系为:

$$\sin\psi_r=\frac{y_s-y}{d_s}\approx\psi_r \tag{5-8}$$

对式(5-8)两边分别求时间的一阶导数和二阶导数,得:

$$\begin{cases}\dot{y}_s=\dot{y}+d_s\dot{\psi}_r\\ \ddot{y}_s=\ddot{y}+d_s\ddot{\psi}_r\end{cases} \tag{5-9}$$

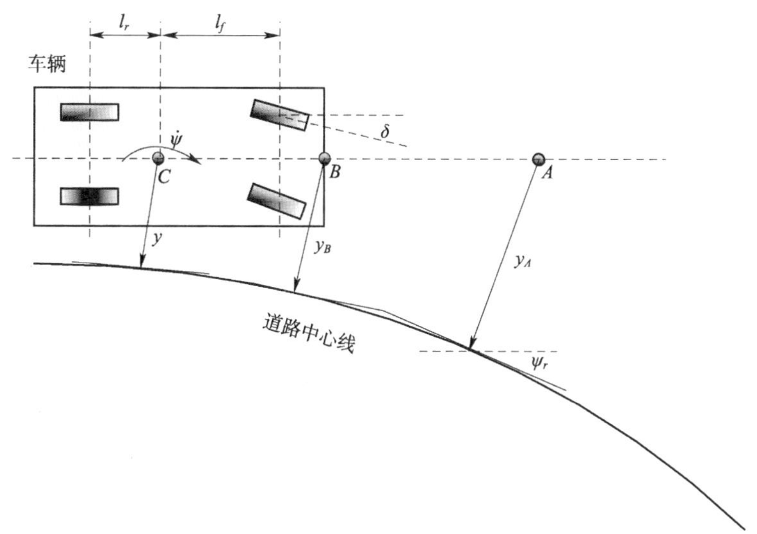

图 5-2　车辆横向动力学示意图

假设 ψ_d 为道路中心线的横摆角，ψ、ψ_r、ψ_d 之间的关系为：

$$\psi = \psi_r + \psi_{\mathrm{d}} \tag{5-10}$$

式中，$\dot{\psi}_{\mathrm{d}} = \rho\dot{x}$，ρ 为道路曲率。

对式(5-10)两边分别求关于时间的一阶导数和二阶导数，得：

$$\dot{\psi}_r = \dot{\psi} - \rho\dot{x} \tag{5-11}$$

$$\ddot{\psi}_r = \ddot{\psi} - \ddot{\psi}_{\mathrm{d}} \tag{5-12}$$

一般地，$\ddot{\psi}_{\mathrm{d}} \approx 0$，则式(5-12)近似为：

$$\ddot{\psi}_r \approx \ddot{\psi} \tag{5-13}$$

将式(5-11)和式(5-13)代入式(5-9)中，得：

$$\begin{cases} \dot{y}_s = \dot{y} + d_s(\dot{\psi} - \rho\dot{x}) \\ \ddot{y}_s \approx \ddot{y} + d_s\ddot{\psi} \end{cases} \tag{5-14}$$

将式(5-14)代入式(5-7)即可得到关于 y_s 的二维车队纵横向耦合动力学模型：

$$\begin{cases} \ddot{x}_i = a_{1,i}\dot{x}_i^2 + (\dot{y}_{s,i} - d_{s,i}\dot{\psi}_i + \rho_i\dot{x}_i)\dot{\psi}_i + \dfrac{F_i - F_{yf,i}\delta_i}{m_i} - \mu_i g \\ \ddot{y}_{s,i} = -(a_{2,i} + d_{s,i}a_{3,i})\dfrac{\dot{y}_{s,i}}{\dot{x}_i} - [\dot{x}_i + \dfrac{k_i a_{3,i} - d_{s,i}(a_{2,i} - a_{4,i}) - d_{s,i}^2 a_{3,i}}{\dot{x}_i}]\dot{\psi}_i \\ \quad + (1 + \dfrac{d_{s,i}l_{f,i}}{I_{z,i}})\dfrac{F_{xf,i} + C_{f,i}}{m_i}\delta_i - \rho_i(d_{s,i}a_{2,i} + d_{s,i}^2 a_{3,i}) \end{cases} \tag{5-15}$$

在车间距策略选择方面，由于二维车队动力学模型考虑车辆横纵向耦合影响，想要更精确地描述车队动力学特性，就需要对该模型进行更高阶的求导，但是随之而来的问题是，每个输出量就会受到更多输入量的控制和影响。因此，二维车队控制系统采用固定车间距策略，这样第 i 辆车和第 $i-1$ 辆车之间的车间距误差为：

$$\delta_i = x_i - x_{i-1} - l_i - d \tag{5-16}$$

这样，车队中第 i 辆车的加速度、速度、位移、横摆率及横摆角可由下列方程组求出：

$$\begin{cases} \dot{\zeta}_i(k) = \dot{\zeta}_i(k-1) + \ddot{\zeta}_i(k) \cdot \Delta t \\ \zeta_i(k) = \zeta_i(k-1) + \dot{\zeta}_i(k) \cdot k + \dfrac{1}{2}\ddot{\zeta}_i(k) \cdot \Delta t^2 \\ \dot{\psi}_i(k) = \dot{x}_i(k) \cdot \rho_i(k) + \dfrac{\ddot{y}_i(k)}{\dot{x}_i(k)} \\ \psi_i(k) = \psi_i(k-1) + \dot{x}_i(k) \cdot \rho_i(k) \cdot \Delta t + \dfrac{\dot{y}_i(k)}{\dot{x}_i(k)} \end{cases} \tag{5-17}$$

式中，ζ_i 是统称量，可以是纵向位移、速度或者加速度，也可以是横向位移、速度或者加速度；k 为设定的采样时间序号；Δt 为设定的采样时间间隔。

和大多数关于车辆横纵耦合控制器设计的文献中规定的一样，二维车队弯道行驶过程中存在的控制问题可以描述为：

(1)纵向上，假设二维车队中首车的纵向加速度 $\ddot{x}_{\mathrm{d}}$ 是已知的，设计的耦合控制器需满足：①车间距误差为 0，$\lim\limits_{t\to\infty}\delta(t)=0$；②车间距误差变化率为 0，$\lim\limits_{t\to\infty}\dot{\delta}(t)=0$；③车队稳定性条件，$|\delta_i(t)| \leqslant |\delta_{i-1}(t)|$；④当弯道结束后，第 i 辆车和第 $i-1$ 辆车之间的相对速度为 0，$\lim\limits_{t\to\infty}|\dot{x}_i(t)-\dot{x}_{i-1}(t)|=0$；⑤当弯道结束后，被控车的纵向加速度等于 a_{d}，$\lim\limits_{t\to\infty}\ddot{x}_i(t)=a_{\mathrm{d}}$。

(2)横向上，假设道路曲率 ρ 及首车的横向加速度 $\ddot{y}_{\mathrm{d}}$ 是已知的，当弯道结束后，耦合控制器满足：①横向偏差为 0，$\lim\limits_{t\to\infty}y_{s,i}(t)=0$；②横向偏差变化率为 0，$\lim\limits_{t\to\infty}\dot{y}_{s,i}(t)=0$；③横摆角误差为 0，$\lim\limits_{t\to\infty}\psi_i(t)=0$；④横摆率误差为 0，$\lim\limits_{t\to\infty}\dot{\psi}_i(t)=0$；⑤当弯道结束后，被控车的横向速度为 0，$\lim\limits_{t\to\infty}\dot{y}_i(t)=0$；⑥当弯道结束后，被控车的横向加速度为 0，$\lim\limits_{t\to\infty}\ddot{y}_i(t)=0$。

第二节　二维车队换道策略

换道策略是指被控车辆从一条车道沿着期望轨迹进入另一条车道的过程。被控车辆为了实现换道策略，首先需要结合车辆状态信息和道路信息规划换道轨迹，然后设计相应的控制律对车辆进行轨迹跟踪控制。目前，车辆换道策略主要分为两类，磁道钉换道方式和自由换道方式。磁道钉换道方式主要是在交叉口环境下按照一定的曲率埋设磁道钉换道路径，使车辆能够顺利通过交叉口环境；自由换道方式是利用车辆横向加速度、横摆率等状态信息设计虚拟的换道轨迹，采用设计的控制律使车辆沿着该虚拟换道轨迹实现换道。换道轨迹的规划有多种方法，如车辆的纵向状态和横向状态满足正弦函数、圆弧、多项式等约束条件，期望的横向加速度满足正反梯形的约束条件等。自由换道方式利用车道宽度和期望的横向加速度确定换道时间，并在该时间内确定换道轨迹，比较灵活。二维车队换道策略主要针对单车开展换道轨迹跟踪控制，首先采用基于正反梯形横向加速度方法规划换道轨迹，接着设计相应的耦合控制律，完成换道策略，同时，设计的耦合控制律能够保持车辆控制系统的稳定性。

一、换道轨迹规划

仍然采用文献[54]和图3-25描述的基于正反梯形加速度方法,设定期望的横向加速度率为:

$$\ddot{y}_d(t)=\begin{cases}J_{\max}t-a_{\max} & t_0\leqslant t\leqslant t_1\\ a_{\max} & t_1\leqslant t<t_2\\ -J_{\max}t+a_{\max} & t_2\leqslant t<t_3\\ -a_{\max} & t_3\leqslant t<t_4\\ J_{\max}t-a_{\max} & t_4\leqslant t\leqslant t_5\end{cases} \tag{5-18}$$

以及

$$\begin{aligned}t_1-t_0&=t_5-t_4\\ t_2-t_1&=t_4-t_3\\ t_3-t_2&=2(t_1-t_0)\end{aligned} \tag{5-19}$$

式中,t_0为换道开始时刻;t_5为换道结束时刻;$J_{\max}$为最大横向加速度率;$a_{\max}$为最大横向加速度。

定义

$$\begin{aligned}t_1-t_0&=\Delta_1\\ t_2-t_1&=\Delta_2\end{aligned} \tag{5-20}$$

可得车辆换道过程中需要的总体时间为:

$$t_{\mathrm{d}}=4\Delta_1+2\Delta_2 \tag{5-21}$$

假定 $t_0=0$,当 $t=t_5$时,换道过程中的横向位移为:

$$y_{\mathrm{d}}(t_5)=J_{\max}(2\Delta_1^3+3\Delta_1^2\Delta_2+\Delta_1\Delta_2^2) \tag{5-22}$$

根据最大横向加速度率 $J_{\max}$和最大横向加速度 $a_{\max}$可确定:

$$\Delta_1=\frac{a_{\max}}{J_{\max}} \tag{5-23}$$

假设相邻车道中心线间距等于车道宽度 d_w,根据 $y_d(t_5)=d_w$,代入式(5-22),得:

$$\Delta_2=-\frac{3}{2}\Delta_1+\frac{1}{2}\sqrt{\Delta_1^2+\frac{4d_w}{J_{\max}\Delta_1}} \tag{5-24}$$

二、基于非线性设计的滑模变结构耦合控制律

在对换道轨迹规划后,本节采用非线性滑模变结构控制方法设计耦合控制律。滑模变结构控制方法一般将控制律分为等效控制和切换控制。等效控制可以使系统运动趋向于设定的滑模切换面,并能够在滑动模态区运动。但是等效控制往往是针对确定系统在无外加干扰情况下进行设计的,如果系统带有不确定性和外加干扰,只设计等效控制往往不能够满足控制系统的动态特性,还需在等效控制中加入切换控制,并且要满足滑模稳定条件。非线性滑模控制方法就是采用非线性方法,在保证等效控制的基础上设计切换控制,并能满足滑模稳定条件。因此,在二维车队换道策略中,采用基于非线性滑模控制方法设计相应的耦合

控制律,具体步骤如下:

首先,不考虑 y_s 对车辆横向动力学特性的影响,直接采用式(5-12)代表的车辆横纵耦合动力学方程,并做以下变换,如下所示。

$$
\begin{cases}
\ddot{x} = a_1\dot{x}^2 + \dot{y}\dot{\psi} + u_1 \\
\ddot{y} = -a_2\dfrac{\dot{y}}{\dot{x}} - \left(\dot{x} + \dfrac{ka_3}{\dot{x}}\right)\dot{\psi} + u_2 \\
\ddot{\psi} = -a_4\dfrac{\dot{4}}{\dot{x}} - a_3\dfrac{\dot{y}}{\dot{x}} + \dfrac{l_f}{I_z}u_2
\end{cases}
\tag{5-25}
$$

式中

$$
\begin{cases}
u_1 = \dfrac{F - F_{yf}\delta}{m} - \mu g \\
u_2 = \dfrac{F_{xf} + C_f}{m}\delta
\end{cases}
$$

接着,假定车辆期望的纵向位移 x_{d}、速度 $\dot{x}_{\mathrm{d}}$ 和加速度 $\ddot{x}_{\mathrm{d}}$ 已知,定义纵向跟踪误差:

$$
e_x = x - x_{\mathrm{d}} \tag{5-26}
$$

对式(5-26)两边时间求导,得:

$$
\dot{e}_x = \dot{x} - \dot{x}_{\mathrm{d}} \tag{5-27}
$$

设定滑模切换函数:

$$
s_1 = c_1 e_x + \dot{e}_x \tag{5-28}
$$

式中,$c_1 > 0$。

对式(5-28)两边时间求导,得:

$$
\dot{s}_1 = c_1\dot{e}_x + \ddot{e}_x = c_1\dot{e}_x + \ddot{x} - \ddot{x}_{\mathrm{d}} \tag{5-29}
$$

将式(5-25)中的第一个方程代入式(5-29)中,得:

$$
\dot{s}_1 = c_1\dot{e}_x + \ddot{e}_x = c_1\dot{e}_x + a_{1,i}\dot{x}_i^2 + \dot{y}_i\dot{\psi}_i + u_1 - \ddot{x}_{\mathrm{d}} \tag{5-30}
$$

通过取 $\dot{s}_1 = 0$,可得到等效控制器:

$$
u_{1,\mathrm{eq}} = -a_{1,i}\dot{x}_i^2 - \dot{y}_i\dot{\psi}_i + \ddot{x}_{\mathrm{d}} - c_1\dot{e}_x \tag{5-31}
$$

设计切换控制器:

$$
u_{1,\mathrm{sw}} = -\varphi_1 s_1 - \varphi_2 s_1^{k_1} \tag{5-32}
$$

那么,非线性滑模控制器 u_1:

$$
u_1 = u_{1,\mathrm{eq}} + u_{1,\mathrm{sw}} \tag{5-33}
$$

同理,定义横向跟踪误差:

$$
e_y = y - y_{\mathrm{d}} \tag{5-34}
$$

式中,y_{d} 为期望位移。

对式(5-34)两边时间求导,得:

$$
\dot{e}_y = \dot{y} - \dot{y}_{\mathrm{d}} \tag{5-35}
$$

设定滑模切换函数:

$$
s_2 = c_2 e_y + \dot{e}_y \tag{5-36}
$$

式中，$c_2>0$。

对式(5-36)两边时间求导，得：

$$\dot{s}_2=c_2\dot{e}_y+\ddot{e}_y=c_2\dot{e}_y+\ddot{y}-\ddot{y}_d \tag{5-37}$$

将式(5-25)中的第二个方程代入式(5-37)中，得：

$$\dot{s}_2=c_2\dot{e}_y-a_2\frac{\dot{y}}{\dot{x}}-(\dot{x}+\frac{ka_3}{\dot{x}})\dot{\psi}+u_2-\ddot{y}_d \tag{5-38}$$

通过取 $\dot{s}_2=0$，可得到等效控制器：

$$u_{2,\mathrm{eq}}=[a_2\frac{\dot{y}}{\dot{x}}+(\dot{x}+\frac{ka_3}{\dot{x}})\dot{\psi}+\ddot{y}_d-c_2\dot{e}_y] \tag{5-39}$$

设计切换控制器：

$$u_{2,\mathrm{sw}}=-\varphi_3 s_2-\varphi_4 s_{21}^{k_2} \tag{5-40}$$

那么，非线性滑模控制器 u_2：

$$u_2=u_{2,\mathrm{eq}}+u_{2,\mathrm{sw}} \tag{5-41}$$

此外，假设在换道策略中，不考虑车道曲率，即 $\rho=0$，车辆的纵向位移、速度及加速度，横向位移、速度及加速度，以及横摆角、横摆率可由下式所得。

$$\begin{cases}\dot{x}(k)=\dot{x}(k-1)+\ddot{x}(k)\cdot\Delta t\\ x(k)=x(k-1)+\dot{x}(k)\cdot k+\frac{1}{2}\ddot{x}(k)\cdot\Delta t^2\\ \dot{y}(k)=\dot{y}(k-1)+\ddot{y}(k)\cdot\Delta t\\ y(k)=y(k-1)+\dot{y}(k)\cdot k+\frac{1}{2}\ddot{y}(k)\cdot\Delta t^2\\ \dot{\psi}(k)=\frac{\ddot{y}(k)}{\dot{x}(k)}\\ \psi(k)=\frac{\dot{y}(k)}{\dot{x}(k)}\end{cases} \tag{5-42}$$

耦合控制系统稳定性证明如下：

设定 Lyapunov 函数为：

$$V=\frac{1}{2}s_1^2+\frac{1}{2}s_2^2 \tag{5-43}$$

则

$$\begin{aligned}\dot{V}=s_1\dot{s}_1+s_2\dot{s}_2&=s_1(c_1\dot{e}_x+a_{1,i}\dot{x}_i^2+\dot{y}_i\dot{\psi}_i+u_1-\ddot{x}_d)\\&+s_2[c_2\dot{e}_y-a_2\frac{\dot{y}}{\dot{x}}-(\dot{x}+\frac{ka_3}{\dot{x}})\dot{\psi}+u_2-\ddot{y}_d]\end{aligned} \tag{5-44}$$

分别将式(5-31)～式(5-33)和式(5-39)～式(5-41)带入式(5-44)得：

$$\begin{aligned}\dot{V}=s_1(-\phi_1 s_1-\phi_2 s_1^{k_1})+s_2(-\phi_3 s_2-\phi_4 s_2^{k_2})&=-\phi_1 s_1^2-\phi_3 s_2^2-\phi_2 s_1^{1+k_1}-\phi_4 s_2^{1+k_2}\\&\leqslant 0\end{aligned} \tag{5-45}$$

由于 $\dot{V}\leqslant 0$，纵向和横向跟踪误差渐进地收敛到零，从而保证耦合控制系统的稳定性。

第三节　二维车队车道保持策略

在研究了单车换道策略后,接着研究二维车队车道保持策略。车队协同驾驶的目的是通过车队巡航、跟随策略增加某一车道的车流密度,又通过拆分、换道、组合策略实现不同车道的车流密度,从而增加整个路段的交通流量。因此,在确定了具体车道后,车道保持策略,特别是在弯道路况下,就显得尤为重要。和换道策略一样,车道保持策略也需要对纵向误差和横向误差进行跟踪控制,同时还需要保证二维车队行驶稳定性。

一、Terminal 滑模变结构耦合控制律

在研究二维车队车道保持策略时,选用 Terminal 滑模控制方法设计耦合控制律。在普通的滑模控制中,通常选用一个线性的滑动平面,当系统到达滑动模态后,跟踪误差渐进地收敛到零。渐进收敛速度可以通过调整滑模面参数来实现,但无论如何,状态跟踪误差都不会在有限时间内收敛到零。近年来为了获得更好的性能,一些学者提出了 Terminal 滑模控制方法。所谓 Terminal 滑模控制方法,就是在滑动超平面的设计中引入非线性函数,构造 Terminal 滑模面,使得在滑模面上的跟踪误差能够在有限时间内收敛到零。具体步骤如下:

首先,采用式(5-15)表示的二维车队纵横向耦合动力学方程,仿照式(5-25)做以下变化

$$\begin{cases} \ddot{x}_i = a_{1,i}\dot{x}_i^2 + (\dot{y}_{s,i} - d_{s,i}\dot{\psi}_i + \rho_i\dot{x}_i)\dot{\psi}_i + u_{1,i} \\ \ddot{y}_{s,i} = -(a_{2,i} + d_{s,i}a_{3,i})\dfrac{\dot{y}_{s,i}}{\dot{x}_i} - [\dot{x}_i + \dfrac{k_i a_{3,i} - d_{s,i}(a_{2,i} - a_{4,i}) - d_{s,i}^2 a_{3,i}}{\dot{x}_i}]\dot{\psi}_i \\ \qquad + u_{2,i} - \rho_i(d_{s,i}a_{2,i} + d_{s,i}^2 a_{3,i}) \end{cases} \tag{5-46}$$

式中

$$\begin{cases} u_{1,i} = \dfrac{F_i - F_{yf,i}\delta_i}{m_i} - \mu_i g \\ u_{2,i} = \left(1 + \dfrac{d_{s,i}l_{f,i}}{I_{z,i}}\right)\dfrac{F_{xf,i} + C_{f,i}}{m_i}\delta_i \end{cases}$$

接着,对式(5-16)表示的固定车间距求关于时间的二阶导数,得:

$$\ddot{\delta}_i = \ddot{x}_i - \ddot{x}_{i-1} \tag{5-47}$$

代入式(5-46)中的第一个方程,得:

$$\ddot{\delta}_i = a_{1,i}\dot{x}_i^2 + (\dot{y}_{s,i} - d_{s,i}\dot{\psi}_i + \rho_i\dot{x}_i)\dot{\psi}_i + u_{1,i} - \ddot{x}_{i-1} \tag{5-48}$$

定义

$$e_i = c_1\delta_i + c_2[x_i - x_0 - \sum_{j=1}^{i}(l_j + d)] \tag{5-49}$$

式中,$c_1, c_2 > 0$。

对式(5-49)分别求一阶和二阶导数,并联立式(5-46),得:

$$\begin{cases}\dot{e}_i = c_1\dot{\delta}_i + c_2(\dot{x}_i - \dot{x}_0) \\ \ddot{e}_i = c_1\ddot{\delta}_i + c_2(\ddot{x}_i - \ddot{x}_0) = (c_1 + c_2)[a_{1,i}\dot{x}_i^2 + (\dot{y}_{s,i} - d_{s,i}\dot{\psi}_i + \rho_i\dot{x}_i)\dot{\psi}_i + u_{1,i}] \\ \qquad - c_1\ddot{x}_{i-1} - c_2\ddot{x}_0\end{cases} \tag{5-50}$$

采用文献[59]提出的非奇异 Terminal 滑模控制方法，设计滑模切换函数为：

$$\begin{cases}s_{1,i} = e_i + \dfrac{1}{\alpha}\dot{e}_i^{\,p_1/p_2} \\ s_{2,i} = y_{s,i} + \dfrac{1}{\beta}\dot{y}_{s,i}^{\,q_1/q_2}\end{cases} \tag{5-51}$$

式中，α、$\beta > 0$，p_1、p_2、q_1、q_2为正奇数，$1 < p_1/p_2 < 2$，$1 < q_1/q_2 < 2$。

对 $s_{1,i}$进行求导，得：

$$\dot{s}_{1,i} = \dot{e}_i + \frac{1}{\alpha}\frac{p_1}{p_2}\dot{e}_i^{\,p_1/p_2-1}\ddot{e}_i$$

$$= \dot{e}_i + \frac{1}{\alpha}\frac{p_1}{p_2}\dot{e}_i^{\,p_1/p_2-1}\{(c_1+c_2)[a_{1,i}\dot{x}_i^2 + (\dot{y}_{s,i} - d_{s,i}\dot{\psi}_i + \rho_i\dot{x}_i)\dot{\psi}_i + u_{1,i}] - c_1\ddot{x}_{i-1} - c_2\ddot{x}_0\} \tag{5-52}$$

通过取 $\dot{s}_{1,i} = 0$，可得到非奇异滑模控制器为：

$$u_{1,i} = -a_{1,i}\dot{x}_i^2 - (\dot{y}_{s,i} - d_{s,i}\dot{\psi}_i + \rho_i\dot{x}_i)\dot{\psi}_i + (c_1+c_2)^{-1}\left(-\frac{\alpha p_2}{p_1}\dot{e}_i^{\,2-p_1/p_2} + c_1\ddot{x}_{i-1} + c_2\ddot{x}_0\right) - (c_1+c_2)^{-1}\eta_1\mathrm{sgn}(s_{1,i}) \tag{5-53}$$

式中，$\eta_1 > 0$。

同理，对 $s_{2,i}$进行求导，得：

$$\dot{s}_{2,i} = \dot{y}_{s,i} + \frac{1}{\beta}\frac{q_1}{q_2}\dot{y}_{s,i}^{\,q_1/q_2-1}\ddot{y}_{s,i}$$

$$= \dot{y}_{s,i} + \frac{1}{\beta}\frac{q_1}{q_2}\dot{y}_{s,i}^{\,q_1/q_2-1}\left\{-(a_{2,i} + d_{s,i}a_{3,i})\frac{\dot{y}_{s,i}}{\dot{x}_i} - \left[\dot{x}_i + \frac{k_ia_{3,i} - d_{s,i}(a_{2,i} - a_{4,i}) - d_{s,i}^2a_{3,i}}{\dot{x}_i}\right]\dot{\psi}_i + u_{2,i} - \rho_i(d_{s,i}a_{2,i} + d_{s,i}^2a_{3,i})\right\} \tag{5-54}$$

通过取 $\dot{s}_{2,i} = 0$，可得到非奇异滑模控制器为：

$$u_{2,i} = (a_{2,i} + d_{s,i}a_{3,i})\frac{\dot{y}_{s,i}}{\dot{x}_i} + \left[\dot{x}_i + \frac{k_ia_{3,i} - d_{s,i}(a_{2,i} - a_{4,i}) - d_{s,i}^2a_{3,i}}{\dot{x}_i}\right]\dot{\psi}_i + \rho_i(d_{s,i}a_{2,i} + d_{s,i}^2a_{3,i}) - \frac{\beta q_2}{q_1}\dot{y}_{s,i}^{\,2-q_1/q_2} - \eta_2\mathrm{sgn}(s_{2,i}) \tag{5-55}$$

式中，$\eta_2 > 0$。

此外，在二维车队车道保持策略中，需考虑车道曲率，并且车队横向动力学方程是针对 $y_{s,i}$所建，这样，第 i 辆车的纵向位移、速度及加速度，横向位移、速度及加速度，以及横摆角、横摆率可由下式所得。

$$\begin{cases}\dot{x}_i(k)=\dot{x}_i(k-1)+\ddot{x}_i(k)\cdot\Delta t\\ x_i(k)=x_i(k-1)+\dot{x}_i(k)\cdot k+\dfrac{1}{2}\ddot{x}_i(k)\cdot\Delta t^2\\ \dot{y}_i(k)=\dot{y}_i(k-1)+\{\dot{y}_{s,i}(k)-ds[\dot{\psi}_i(k)-\dot{\psi}_{\mathrm{d}}(k)]\}\\ y_i(k)=y_i(k-1)+\{y_{s,i}(k)-ds[\psi_i(k)-\psi_{\mathrm{d}}(k)]\}\\ \dot{\psi}_i(k)=\dot{x}_i(k)\cdot\rho_i(k)\\ \psi_i(k)=\psi_i(k-1)+\dot{x}_i(k)\cdot\rho_i(k)\cdot\Delta t\end{cases}\tag{5-56}$$

二、二维车队稳定性证明

二维车队稳定性包括单车稳定性和队列稳定性。在证明二维车队稳定性之前,首先需要证明单车稳定性。

将非奇异滑模控制器 $u_{1,i}$ 代入式(5-52),得:

$$\begin{aligned}\dot{s}_{1,i}&=\dot{e}_i+\frac{1}{\alpha}\frac{p_1}{p_2}\dot{e}_i^{\,p_1/p_2-1}\ddot{e}_i\\&=\frac{1}{\alpha}\frac{p_1}{p_2}\dot{e}_i^{\,p_1/p_2-1}[-\eta_1\operatorname{sgn}(s_{1,i})]\end{aligned}\tag{5-57}$$

定义 Lyapunov 函数 V_1 为:

$$V_1=\frac{1}{2}s_{1,i}^2$$

则

$$\dot{V}_1=s_{1,i}\dot{s}_{1,i}=\frac{1}{\alpha}\frac{p_1}{p_2}\dot{e}_i^{\,p_1/p_2-1}[-\eta_1|s_{1,i}|]$$

由于 $1<p_1/p_2<2$,则

$$\dot{e}_i^{\,p_1/p_2-1}>0,\quad 当\dot{e}_i\neq0 时$$

$$\begin{aligned}\dot{V}_1=s_{1,i}\dot{s}_{1,i}&=\frac{1}{\alpha}\frac{p_1}{p_2}\dot{e}_i^{\,p_1/p_2-1}[-\eta_1|s_{1,i}|]\\&\leqslant-\eta'|s_{1,i}|,\quad 当\dot{e}_i\neq0 时\end{aligned}$$

式中,

$$\eta'=\frac{1}{\alpha}\frac{p_1}{p_2}\dot{e}_i^{\,p_1/p_2-1}$$

由于 $\dot{V}_1\leqslant0$,因此,当 $\mathrm{e_i}\neq0$ 时,控制器 $u_{1,i}$ 满足 Lyapunov 稳定条件。

将控制器 $u_{1,i}$ 代入式(5-50),得:

$$\begin{aligned}\ddot{e}_i&=(c_1+c_2)[a_{1,i}\dot{x}_i^2+(\dot{y}_{s,i}-d_{s,i}\dot{\psi}_i+\rho_i\dot{x}_i)\dot{\psi}_i+u_{1,i}]-c_1\ddot{x}_{i-1}-c_2\ddot{x}_0\\&=-\frac{\alpha p_2}{p_1}\dot{e}_i^{\,2-p_1/p_2}-\eta_1\operatorname{sgn}(s_{1,i})\end{aligned}\tag{5-58}$$

当 $\dot{e}_i=0$ 时,

$$\ddot{e}_i=-\eta_1\operatorname{sgn}(s_{1,i})\tag{5-59}$$

可见,当 $s_{1,i}>0$ 时,$\ddot{e}_i \leqslant -\eta_1$,当 $s_{1,i}<0$ 时,$\ddot{e}_i \geqslant -\eta_1$。根据文献[59]关于有限到达时间的分析可知,当 $\dot{e}_i=0$ 时,可以在有限时间内实现 $s_{1,i}=0$。同理可知,$s_{2,i}$ 也会在有限的时间内收敛到0。

接下来,需要证明二维车队稳定性。由于 $s_{1,i}$、$s_{2,i}$ 在有限的时间内收敛到0,α、$\beta>0$,p_1、p_2、q_1、q_2 为正奇数,$1<p_1/p_2<2$,$1<q_1/q_2<2$,式(5-55)可变为:

$$\begin{cases} \dot{e}_i = -\alpha^{p_2/p_1} e_i^{p_2/p_1} \\ \dot{y}_{s,i} = -\beta^{q_2/q_1} y_{s,i}^{q_2/q_1} \end{cases} \tag{5-60}$$

当 $s_{1,i}>0$ 时,$\ddot{e}_i \leqslant -\eta_1$;当 $s_{1,i}<0$ 时,$\ddot{e}_i \geqslant -\eta_1$。当 $s_{2,i}>0$ 时,$\ddot{y}_{s,i} \leqslant -\eta_2$;当 $s_{2,i}<0$ 时,$\ddot{y}_{s,i} \geqslant -\eta_2$。通过分析微分方程(5-60)可得,$e_i$、$y_{s,i}$ 在有限的时间内也会收敛到0。

根据式(5-49),由 $e_i=0$,$e_{i-1}=0$,得:

$$c_1\delta_i + c_2\left[x_i - x_0 - \sum_{j=1}^{i}(l_j+d)\right]=0 \tag{5-61}$$

$$c_1\delta_{i-1} + c_2\left[x_{i-1} - x_0 - \sum_{j=1}^{i}(l_{j-1}+d)\right]=0 \tag{5-62}$$

以上两式相减,得:

$$(c_1+c_2)\delta_i = c_1\delta_{i-1} \tag{5-63}$$

由于 c_1、$c_2>0$,可知:

$$\frac{\delta_i}{\delta_{i-1}} = \frac{c_1}{c_1+c_2} < 1,\quad i=1,2,3,\cdots,n \tag{5-64}$$

再由 $e_1=(c_1+c_2)\delta_1=0$ 得,$\delta_1=0$。从而完成二维车队稳定性的证明。

第四节　二维车队弯道行驶 MATALB 仿真

为了测试设计的二维车队纵横耦合控制律,展开一系列仿真试验来验证控制器的有效性和稳定性。二维车队系统参数见表5-1。

二维车队系统参数　　表5-1

参　数	数　值	参　数	数　值
m/kg	2000	c_4	15
$I_z(\mathrm{kg \cdot m^2})$	3150	c_5	70
l_f/m	1.33	ϕ_1	1
l_r/m	1.26	ϕ_2	1
$C_f(\mathrm{N \cdot rad^{-1}})$	80000	k_1	0.6
$C_r(\mathrm{N \cdot rad^{-1}})$	80000	ϕ_3	1
μ	0.02	ϕ_4	1
$k_D(\mathrm{N \cdot s^2 \cdot m^{-2}})$	0.4	k_2	0.6
$k_L(\mathrm{N \cdot s^2 \cdot m^{-2}})$	0.005	α	0.5
$\mathrm{g(m \cdot s^{-2})}$	9.8	β	0.5
d_s/m	2	p_1	5
c_1	2	p_2	3
c_2	1	q_1	5
c_3	3	q_2	3

一、换道策略 MATLAB 仿真

不考虑车道曲率，假设相邻车道间距等于车道宽度 d_w，$d_w=3\text{m}$，$a_{max}=0.05\text{gm/s}^{-2}$，$J_{max}=0.05\text{gm/s}^{-3}$，根据式(5-26)～式(5-29)，可以得到换道所需时间为 6s。仿真设定为 30s，历时三个阶段，见表 5-2。车辆纵向位移和速度的初始值分别为 0m 和 25m/s，横向位移、速度及横摆角、横摆率初始值均为 0。期望的纵向加速度如下：

车辆弯道行驶策略　　表 5-2

时　间　(s)	策　　略
0～10	纵向跟踪
11～16	换道
16～30	车道保持

$$\ddot{x}_d=\begin{cases}0 & 0\leqslant t<4\\ -0.2(t-4) & 4\leqslant t<7\\ -0.6 & 7\leqslant t<10\\ 0.2(t-10)-0.6 & 10\leqslant t<16\\ 0.6 & 16\leqslant t<19\\ 0.2(19-t)+0.6 & 19\leqslant t<22\\ 0 & 22\leqslant t\leqslant 30\end{cases}$$

仿真 1 针对纵向控制方面，采用非线性滑模控制方法得到纵向加速度、速度、位移及跟踪误差的变化结果，如图 5-3 所示。

从图 5-3 中可以看出，采用非线性滑模控制律能够较好地跟踪车辆纵向期望行驶状态，获得较小的跟踪误差。

仿真 2 针对横向控制方面，采用非线性滑模控制方法得到横向加速度、速度、位移及位置误差和横摆角、横摆角速度的变化如图 5-4 所示。

从图 5-4 中可以看出，采用非线性滑模控制律虽然能够获得较小的横向跟踪误差，但是由于所建立的车辆模型不包括转向模型，也没有考虑车道曲率及期望横摆角，横摆角速度计算公式(5-42)精确度不高，因此横向跟踪控制效果并不是很好。

仿真 3 给出被控车辆换道策略仿真三维示意图，包括纵向跟踪控制、换道及车道保持三个阶段，如图 5-5 所示。

二、超车策略 MATLAB 仿真

在城市交通系统中，车辆超车策略和换道策略通常是结合在一起的。超车策略是指在本车道车流出现拥堵情况下，出行车辆为了减少出行时间而做出的临时性选择。车辆想要超车，必先执行换道策略。与此同时，车辆开始加速，当车辆速度到达超车速度而且满足原车道的超车要求时，车辆再次换道，从而完成车辆超车策略。超车策略是车队拆分与组合策略中的一种特殊情况，展示了车辆的个体行为。仿真中不考虑本车道和邻车道车流密度，仅对超车车辆的横向和纵向运动进行跟踪控制，依据换道策略得到换道所需时间为 6s。仿真设定为 30s，历时三个阶段，见表 5-3。

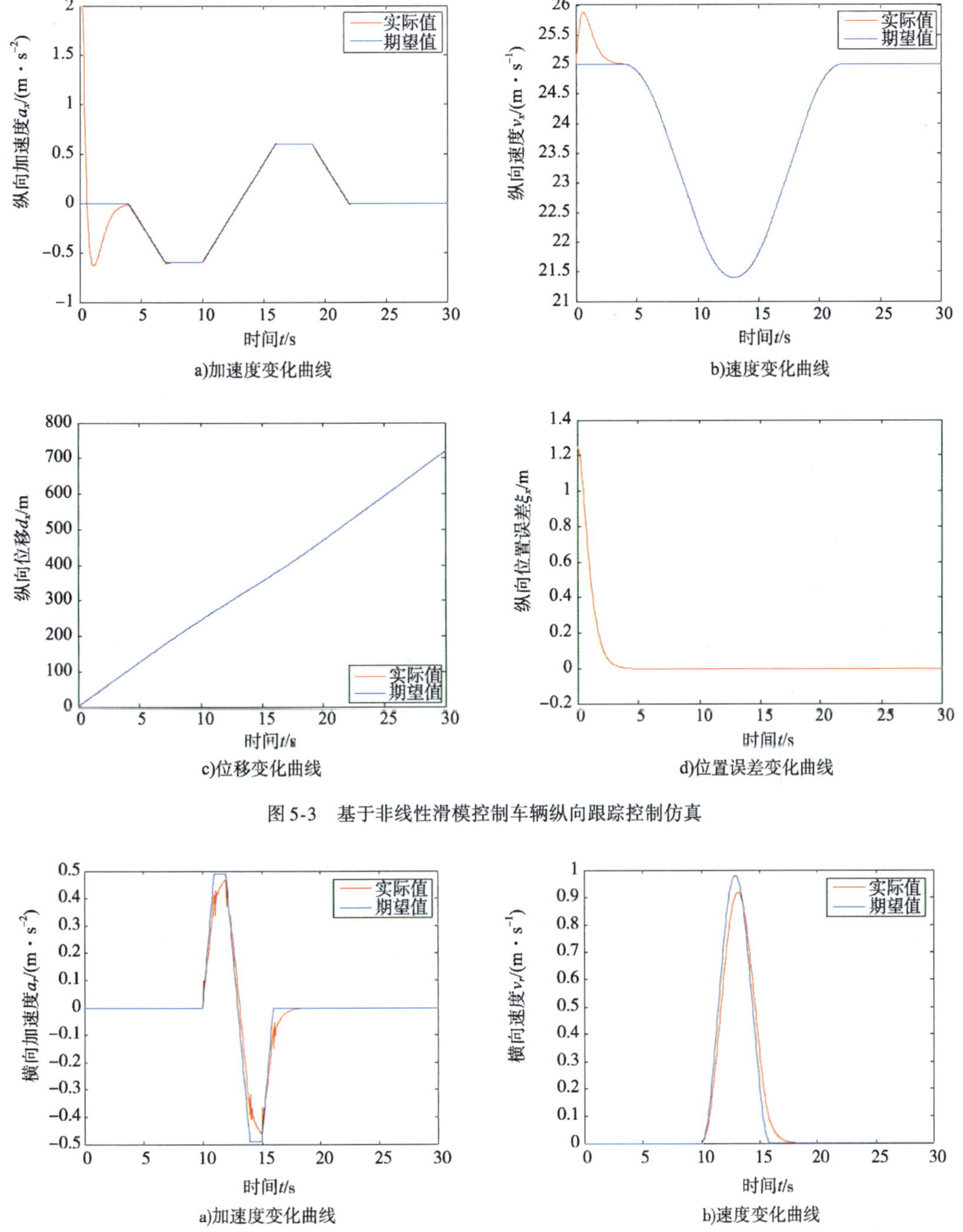

a)加速度变化曲线　b)速度变化曲线

c)位移变化曲线　d)位置误差变化曲线

图 5-3　基于非线性滑模控制车辆纵向跟踪控制仿真

a)加速度变化曲线　b)速度变化曲线

图　5-4

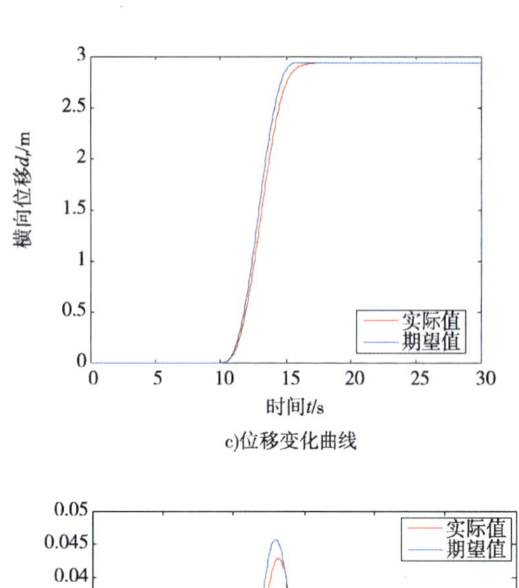

c)位移变化曲线

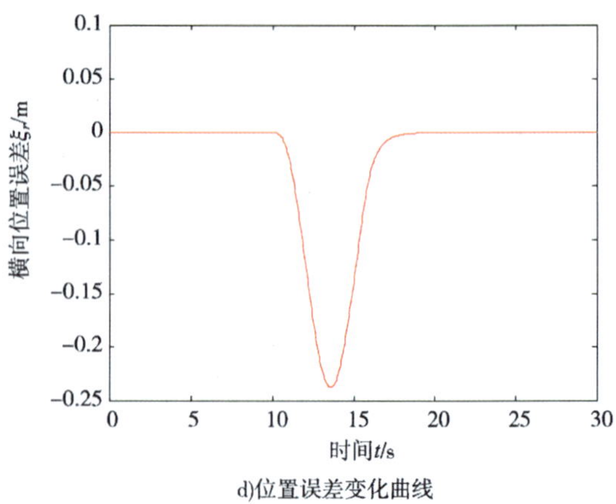

d)位置误差变化曲线

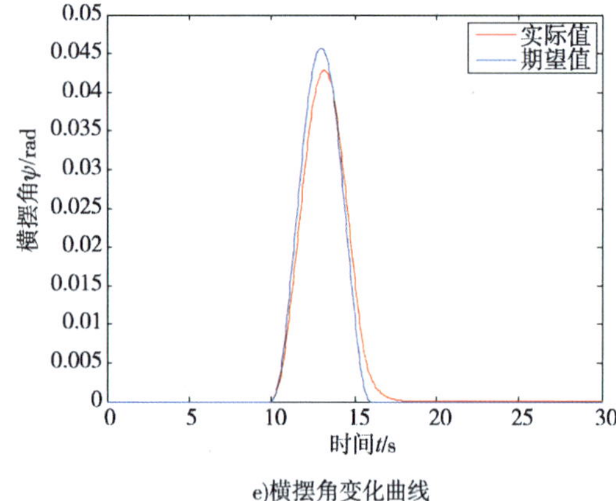

e)横摆角变化曲线

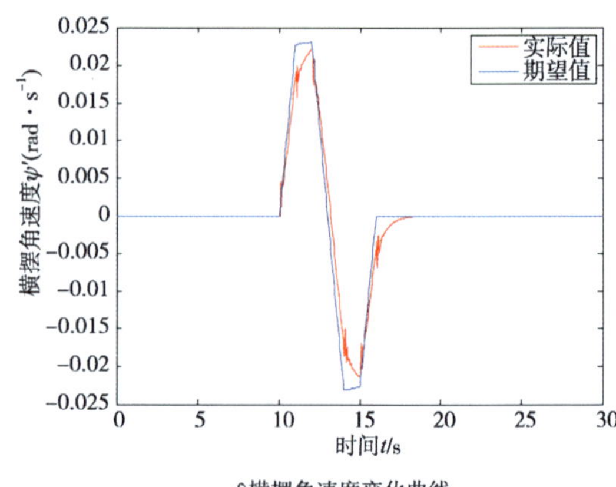

f)横摆角速度变化曲线

图 5-4　基于非线性滑模控制的车辆横向跟踪控制仿真

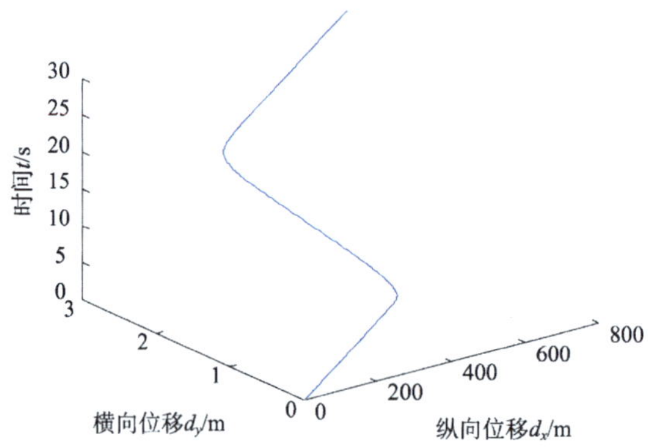

图 5-5　被控车辆换道策略仿真三维示意图

车辆超车策略　　表 5-3

时　间　(s)	策　　略
0～10	纵向加速
11～26	超车
26～30	车道保持

仿真 4 假设被超车辆匀速行驶，车速为 10m/s，被控车辆初始状态为零，从 0s 开始，被控车辆的速度从 0m/s 加速到 10m/s；从 11s 开始，被控车辆执行超车策略，速度从 10m/s 加速到 15m/s；26s 后被控车辆完成超车策略，开始执行车道保持策略。采用非线性滑模控制方法得到的被控车辆纵向速度、加速度及横向速度、加速度变化如图 5-6 所示。

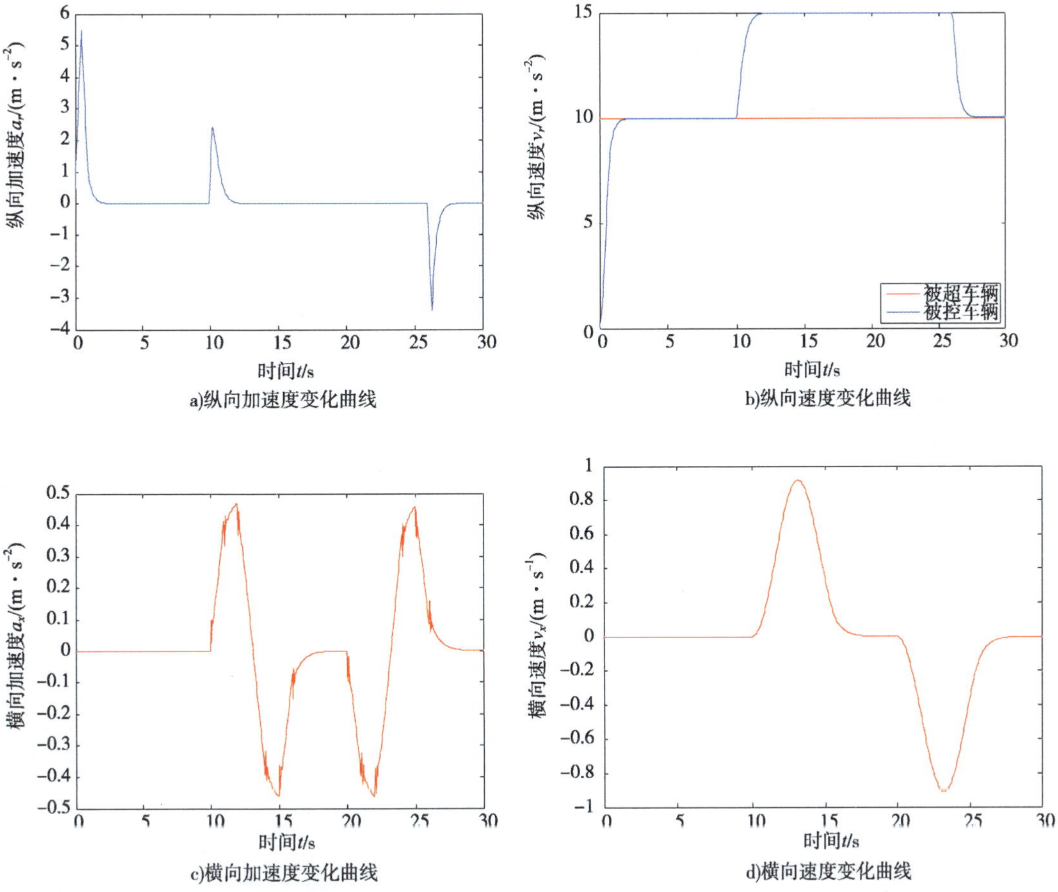

a)纵向加速度变化曲线

b)纵向速度变化曲线

c)横向加速度变化曲线

d)横向速度变化曲线

图 5-6　基于非线性滑模控制的车辆超车策略仿真

从图 5-6 可以看出，采用非线性滑模控制方法，被控车辆可以稳定地到达被超车辆的速度，并能很快加速到超车速度。同时，被控车辆的横向控制具有很好的响应特性，迅速完成两次换道策略。

仿真 5 给出被控车辆超车策略仿真三维示意图，包括纵向加速、超车及车道保持三个阶段，如图 5-7 所示。

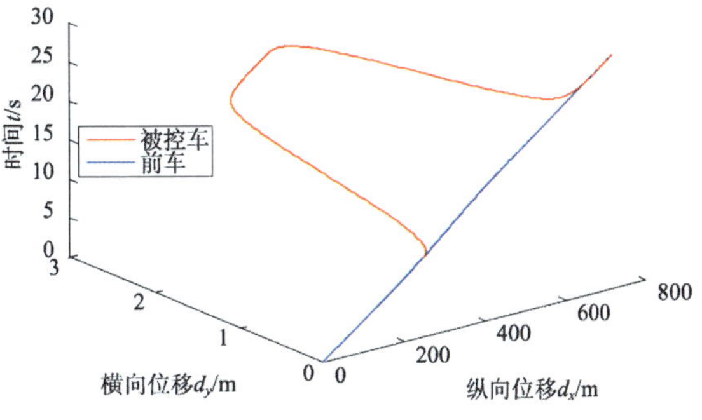

图 5-7　被控车辆超车策略仿真三维示意图

三、车道保持策略 MATLAB 仿真

仿真 6 假设同一车道前后两辆车在弯道上行驶。前车行驶状态信息已知，后车

为被控车辆,跟踪前车行驶状态信息,同时两辆车还执行车道保持策略。仿真历时30s。领头车辆纵向位移和速度的初始值分别为0m和25m/s,横向位移、速度及横摆角、横摆率初始值均为0。领头车辆纵向加速度信息及道路曲率信息如下。

$$\ddot{x}_{1d}=\begin{cases}0 & 0\leqslant t<4\\ -0.3(t-4) & 4\leqslant t<7\\ -0.9 & 7\leqslant t<10\\ 0.3(t-10)-0.9 & 10\leqslant t<16\\ 0.9 & 16\leqslant t<19\\ 0.3(19-t)+0.9 & 19\leqslant t<22\\ 0 & 22\leqslant t\leqslant 30\end{cases}$$

$$\rho=\begin{cases}0, & 0\leqslant x<160\\ 1/200, & 160\leqslant x<160+25\pi\\ -1/400, & 160+25\pi\leqslant x<160+125\pi\\ 1/200, & 160+125\pi\leqslant x<160+150\pi\\ 0, & 160+150\pi\leqslant x<1000\end{cases}$$

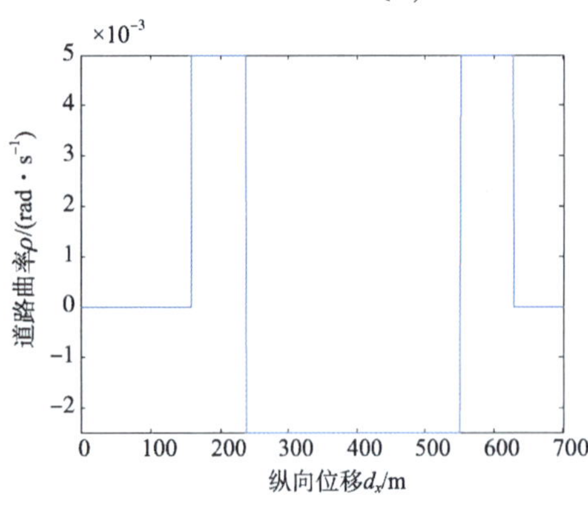

图5-8 车道曲率

仿真结果如图5-8~图5-10所示。图5-8显示了车道的曲率信息。图5-9显示了被控车辆纵向、横向及横摆运动的跟踪结果,以及车间距误差和横向偏差。

从图5-9可以看出,采用非奇异Terminal滑模控制方法,被控车辆可以很快地跟踪前方车辆,车间距误差和横向偏差都有较快的收敛速度。当前车的纵向加速度保持不变时,车间距误差稳定于0;当车道路径曲率发生改变时,横向偏差随之改变。

仿真7给出了被控车辆车道保持策略仿真三维示意图,如图5-10所示。

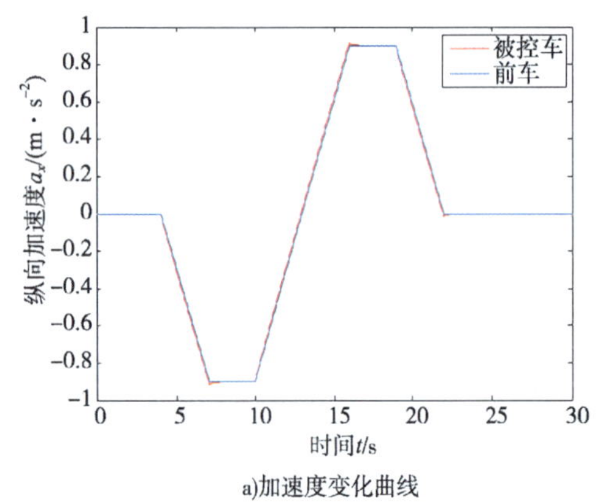

a)加速度变化曲线

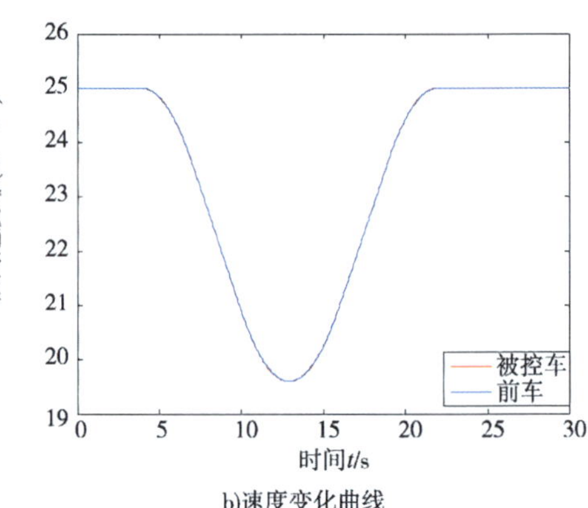

b)速度变化曲线

图 5-9

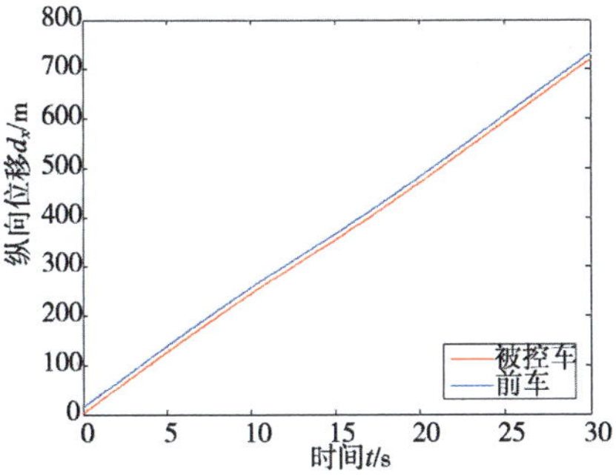

c)纵向位移变化曲线

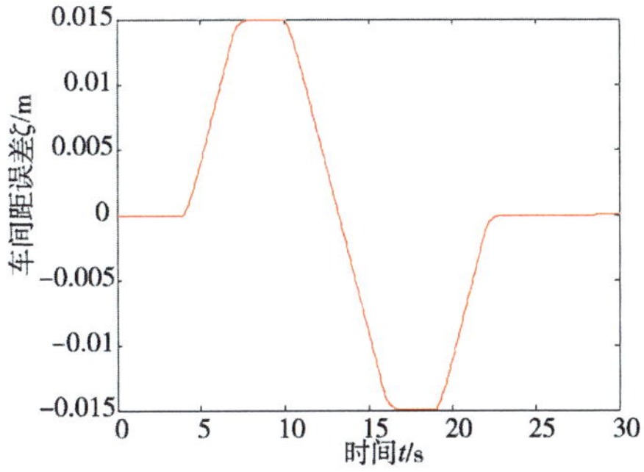

d)车间距变化曲线

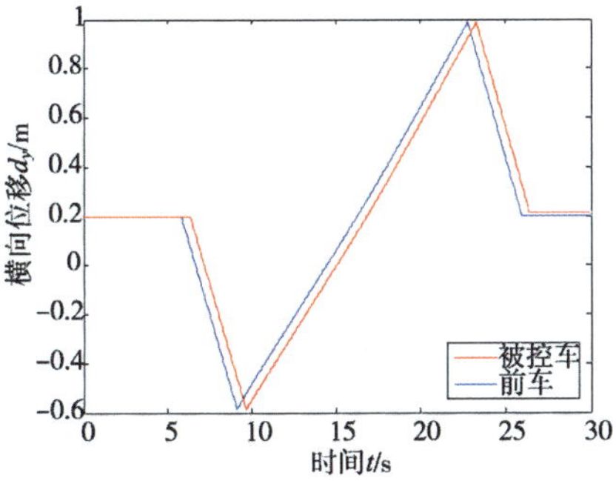

e)横向位移变化曲线

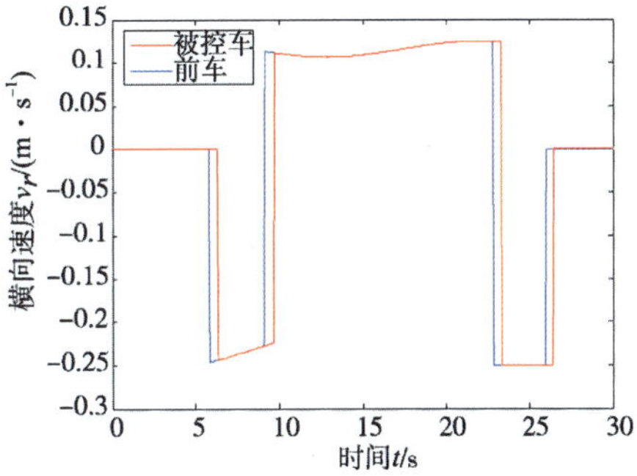

f)横向速度变化曲线

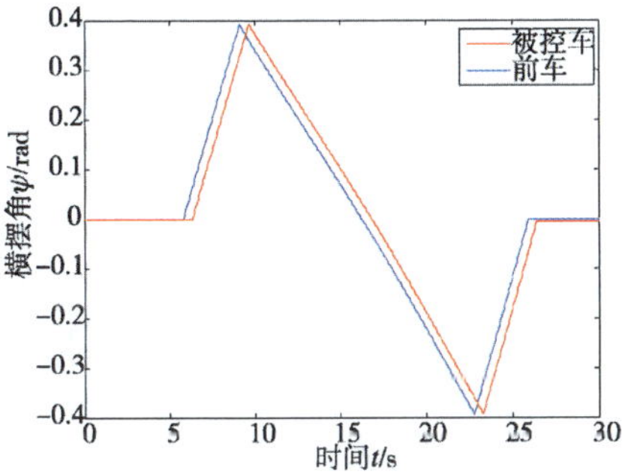

g) 横摆角变化曲线

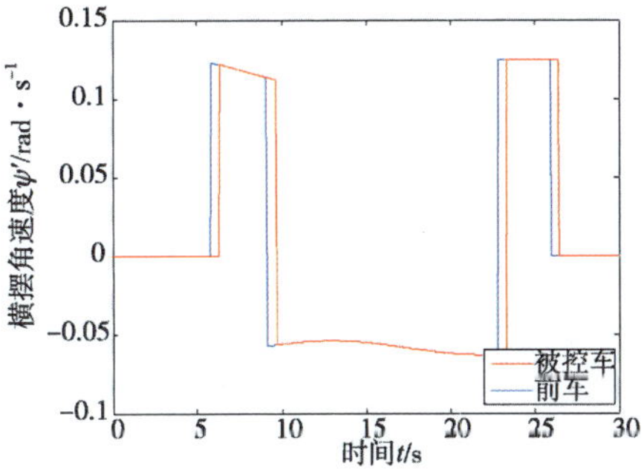

h) 横摆角速度变化曲线

图 5-9　基于 Terminal 滑模控制的车道保持策略仿真

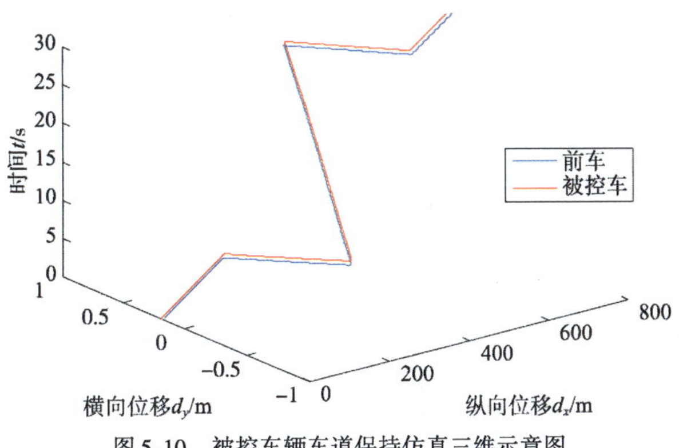

图 5-10　被控车辆车道保持仿真三维示意图

第六章　车队协同驾驶多模态混成控制仿真

车队协同驾驶过程实际上是车队多模态混成控制的响应过程。车队纵向控制主要包括巡航与跟随策略。车队纵横向耦合控制主要是换道与超车策略。而车辆出入队列策略则体现了车队多模态迁移下的切换控制。本章针对第三章建立的车队多模态混成自动机,设计车队混成控制器,分析混成控制器设计的有限时间指数收敛特性,确定其在车队多模态迁移中具有一定的平均驻留时间,从而保证车队协同驾驶过程中的个体与群体稳定性,以及车队多模态迁移系统的镇定性。

第一节　车队混成控制问题

根据二维车队建模过程可知,车队横纵向耦合模型如下:

$$\begin{cases} \ddot{x}_i = a_{1,i}\dot{x}_i^2 + \dot{y}_i\dot{\psi}_i + C_{f,i}\dfrac{\dot{y} + l_{f,i}\dot{\psi}_i}{m_i\dot{x}_i}\delta_i + \dfrac{F_i - \mu_i m_i g}{m_i} \\ \ddot{y}_i = -a_{2,i}\dfrac{\dot{y}_i}{\dot{x}_i} - (\dot{x}_i + \dfrac{k_i a_{3,i}}{\dot{x}_i})\dot{\psi}_i + \dfrac{F_i - \mu_i\lambda_i(m_i g - k_{L,i}\dot{x}_i^2) + C_{f,i}}{m_i}\delta_i \\ \ddot{\psi}_i = -a_{4,i}\dfrac{\dot{\psi}_i}{\dot{x}_i} - a_{3,i}\dfrac{\dot{y}_i}{\dot{x}_i} + \dfrac{m_i l_{f,i}}{I_{z,i}}\ \dfrac{F_i - \mu_i\lambda_i(m_i g - k_{L,i}\dot{x}_i^2) + C_{f,i}}{m_i}\delta_i \end{cases} \tag{6-1}$$

式中

$$\begin{cases} a_{1,i} = \dfrac{\mu_i k_{L,i} - k_{D,i}}{m_i}, a_{2,i} = \dfrac{C_{f,i} + C_{r,i}}{m_i}, \dot{a}_{3,i} = \dfrac{C_{f,i}l_{f,i} - C_{r,i}l_{r,i}}{I_z}, a_{4,i} = \dfrac{C_{f,i}l_{f,i}^2 + C_{r,i}l_{r,i}^2}{I_{z,i}} \\ \lambda_i = \dfrac{l_{r,i}}{l_{f,i} + l_{r,i}}, k_i = \dfrac{I_{z,i}}{m_i} \end{cases}$$

为了便于模型的计算与控制器的设计,将控制输入直接施加于车辆系统,可得:

$$\begin{cases} u_{1,i} = C_{f,i}\dfrac{\dot{y}_i + l_{f,i}\dot{\psi}_i}{m_i\dot{x}_i}\delta_i + \dfrac{F_i - \mu_i m_i g}{m_i} \\ u_{2,i} = \dfrac{F_i - \mu_i\lambda_i(m_i g - k_{L,i}\dot{x}_i^2) + C_{f,i}}{m_i}\delta_i \end{cases} \tag{6-2}$$

那么,通过设计车队混成控制器中被控车辆的纵横向耦合控制律 $u_{1,i}$和 $u_{2,i}$,并代入关于 F_i和 δ_i的方程组(6-2),就能实现被控车辆纵向与横向控制的解耦。

车队混成控制系统不仅需要保证车辆个体稳定性与车队稳定性,而且需要保证多模态迁移系统的镇定性。根据动态系统耗散性与稳定性关系可知,车队混成控制系统在将来任意时刻存储的能量最多只能等于当前时刻存储的能量与该时间段内外界供给的能量之和。

也就是说，车队内任意车辆的控制系统不会产生能量，只会存在能量耗散。并且当各个车辆稳定行驶时，每个车辆控制系统存储的能量都会衰减到最小值。但是，当车队混成控制系统在多模态迁移过程中，如果由切换控制引起车队系统能量的增长超过各个车辆稳定系统的能量消耗，那么整个车队控制系统将是不稳定的。因此，车队混成控制作用如果能够在多模态迁移中驻留足够长的时间，就可以抵消整个车队系统能量的增长趋势，保证车队混成控制系统的耗散性，从而实现整个车队混成控制系统的镇定性。这就是所谓的"驻留时间法"[60]。非奇异终端滑模控制不仅具有有限时间收敛的优点，还可以解决控制律中状态负指数导致控制量趋近于无穷大的奇异问题。同时在确定了车队中各个车辆控制系统的有限收敛时间后，采用 Lyapunov 指数稳定法，利用有限收敛时间和指数收敛速率，就可以分析基于平均驻留时间的车队混成控制系统的可镇定性。

第二节　车队混成控制器设计与镇定性分析

一、控制律设计

仍然采用固定车间距策略，根据式(5-16)可知，被控车辆的车间距误差变化率及其导数分别为：

$$\begin{cases} \xi_i = \dot{x}_{i-1} - \dot{x}_i \\ \dot{\xi}_i = \ddot{x}_{i-1} - \ddot{x}_i \end{cases} \tag{6-3}$$

定义

$$e_i = c_1\xi_i + c_2\left[x_0 - x_i - \sum_{j=1}^{i}(L_j + d)\right] \tag{6-4}$$

式中，c_1、$c_2>0$，$i=1,2,3,\cdots,n$。其一阶导数与二阶导数分别为：

$$\begin{cases} \dot{e}_i = c_1\dot{\xi}_i + c_2(\dot{x}_0 - \dot{x}_i) \\ \ddot{e}_i = -(c_1 + c_2)(a_{1,i}\dot{x}_i^2 + \dot{y}_i\dot{\psi}_i + u_{1,i}) + c_1\ddot{x}_{i-1} + c_2\ddot{x}_0 \end{cases} \tag{6-5}$$

设计非奇异终端滑模面函数为：

$$s_{1,i} = e_i + \frac{1}{\alpha}\dot{e}_i^{p_1/p_2} \tag{6-6}$$

式中，$\alpha>0$，p_1、p_2为正奇数，且$1<p_1/p_2<2$。对式(6-4)求导，并代入式(6-1)、式(6-2)、式(6-3)、式(6-5)得：

$$\begin{aligned} \dot{s}_{1,i} &= \dot{e}_i + \frac{1}{\alpha}\frac{p_1}{p_2}\dot{e}_i^{p_1/p_2-1}\ddot{e}_i \\ &= \dot{e}_i + \frac{1}{\alpha}\frac{p_1}{p_2}\dot{e}_i^{p_1/p_2-1}\left[-(c_1 + c_2)(a_{1,i}\dot{x}_i^2 + \dot{y}_i\dot{\psi}_i + u_{1,i}) + c_1\ddot{x}_{i-1} + c_2\ddot{x}_0\right] \end{aligned}$$

由 $\dot{s}_{1,i}=0$，可得等效控制律：

$$u_{1\_\mathrm{eq},i} = -a_{1,i}\dot{x}_i^2 - \dot{y}_i\dot{\psi}_i + (c_1 + c_2)^{-1}\left(\frac{\alpha p_2}{p_1}\dot{e}_i^{2-p_1/p_2} + c_1\ddot{x}_{i-1} + c_2\ddot{x}_0\right)$$

取滑模切换控制律：

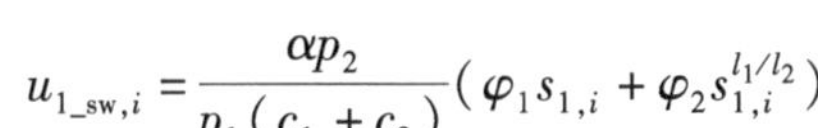

$$u_{1\_sw,i} = \frac{\alpha p_2}{p_1(c_1 + c_2)}(\varphi_1 s_{1,i} + \varphi_2 s_{1,i}^{l_1/l_2})$$

式中 φ_1、$\varphi_2 > 0$，l_1、l_2为正奇数，且 $0 < l_1/l_2 < 1$。

这样，被控车辆的纵向控制律为：

$$u_{1,i} = u_{1\_eq,i} + u_{1\_sw,i} \tag{6-7}$$

如果被控车辆驶出车队，需要对被控车辆进行纵向车间距与横向换道的协调控制。被控车辆在拆分模态激活下利用纵向控制获得安全车间距离，根据自由换道选择的安全约束条件确定横向加速度及其变化率，即可切换至换道模态。假定被控车辆开始换道时的横摆角 $\psi(t_0) = 0$，定义横摆角跟踪误差及其变化率：

$$\begin{cases} \varepsilon_i = \psi_i - \psi_{d,i} \\ \dot{\varepsilon}_i = \dot{\psi}_i - \dot{\psi}_{d,i} \end{cases} \tag{6-8}$$

式中，被控车辆的期望横摆角、横摆角速度及其变化率计算如下[54]：

$$\begin{cases} \psi_{d,i} = \arctan \dfrac{\dot{y}_i}{\dot{x}_i} \\ \dot{\psi}_{d,i} = \dfrac{\ddot{y}_{d,i}\dot{x}_i - \dot{y}_{d,i}\ddot{x}_i}{\dot{x}_i^2 + \dot{y}_{d,i}^2} \\ \ddot{\psi}_{d,i} = \dfrac{[(\dddot{y}_{d,i}\dot{x}_i - \dot{y}_{d,i}\dddot{x}_i)(\dot{x}_i^2 - \dot{y}_{d,i}^2) - 2\ddot{x}_i\ddot{y}_{d,i}(\dot{x}_i^2 - \dot{y}_{d,i}^2) + 2\dot{x}_i\dot{y}_{d,i}(\ddot{x}_i^2 - \ddot{y}_{d,i}^2)]}{(\dot{x}_i^2 + \dot{y}_{d,i}^2)^2} \end{cases}$$

设计非奇异终端滑模面函数为：

$$s_{2,i} = \varepsilon_i + \frac{1}{\beta}\dot{\varepsilon}_i^{q_1/q_2} \tag{6-9}$$

式中，>0，q_1、q_2为正奇数，且 $1 < q_1/q_2 < 2$。对式(6-9)求导，并代入式(6-8)得：

$$\begin{aligned} \dot{s}_{2,i} &= \dot{\varepsilon}_i + \frac{1}{\beta}\frac{q_1}{q_2}\dot{\varepsilon}_i^{q_1/q_2 - 1}\ddot{\varepsilon}_i \\ &= \dot{\varepsilon}_i + \frac{1}{\beta}\frac{q_1}{q_2}\dot{\varepsilon}_i^{q_1/q_2 - 1}\left(-a_{4,i}\frac{\dot{\psi}_t}{\dot{x}_i} - a_{3,i}\frac{\dot{y}_i}{\dot{x}_i} + \frac{m_i l_{f,i}}{I_{z,i}}u_{2,i} - \ddot{\psi}_{d,i}\right) \end{aligned}$$

由 $\dot{s}_{2,i} = 0$，可得等效控制律：

$$u_{2\_eq,i} = \frac{I_{z,i}}{m_i l_{f,i}}\left(-\frac{\beta q_2}{q_1}\dot{\varepsilon}_i^{2 - q_1/q_2} + a_{4,i}\frac{\dot{\psi}_i}{\dot{x}_i} + a_{3,i}\frac{\dot{y}_i}{\dot{x}_i} + \ddot{\psi}_{d,i}\right)$$

仍取滑模切换控制律：

$$u_{2\_sw,i} = -\frac{\beta q_2}{q_1}\frac{I_{z,i}}{m_i l_{f,i}}(\varphi_3 s_{2,i} + \varphi_4 s_{2,i}^{l_3/l_4})$$

式中 φ_3、$\varphi_4 > 0$，l_3、l_4为正奇数，且 $0 < l_3/l_4 < 1$。

这样，被控车辆的横向控制律为：

$$u_{2,i} = u_{2\_eq,i} + u_{2\_sw,i} \tag{6-10}$$

二、车队个体与群体稳定性

首先,分析车队个体稳定性。针对被控车辆纵向与横向控制,分别定义如下 Lyapunov 候选函数:

$$\begin{cases} V_{\mathrm{long},i} = \dfrac{1}{2}s_{1,i}^2 \\ V_{\mathrm{lat},i} = \dfrac{1}{2}s_{2,i}^2 \end{cases} \tag{6-11}$$

对 $V_{\mathrm{long},i}$ 求导,并代入式(6-7)及其分量,得:

$$\begin{aligned}\dot{V}_{\mathrm{long},i} &= s_{1,i}\dot{s}_{1,i} \\ &= s_{1,i}\left\{\dot{e}_i + \frac{1}{\alpha}\ \frac{p_1}{p_2}\dot{e}_i^{p_1/p_2-1}\left[-(c_1+c_2)(a_{1,i}\dot{x}_i^2 + \dot{y}_i\dot{\psi}_i + u_{1,i}) + c_i\ddot{x}_{i-1} + c_2\ddot{x}_0\right]\right\} \\ &= -(\varphi_1 s_{1,i}^2 + \varphi_2 s_{1,i}^{1+l_1/l_2})\dot{e}_i^{p_1/p_2-1}\end{aligned}$$

由于 $1 < p_1/p_2 < 2$,则 $\dot{e}_i^{p_1/p_2-1} > 0$。因此当 $\dot{e}_i \neq 0$,$\dot{V}_{\mathrm{long},i} \leqslant 0$,可见 $s_{1,i}$ 在 $\dot{e}_i \neq 0$ 时渐近收敛。取正数 η_1:

$$\eta_1 = 2\varphi_1\dot{e}_i^{p_1/p_2-1} \qquad (e_i \neq 0)$$

由于

$$\dot{V}_{\mathrm{long},i} = -(\varphi_1 s_{1,i}^2 + \varphi_2 s_{1,i}^{1+1_1/l_2})\dot{e}_i^{p_1/p_2-1} \leqslant -\eta_1\frac{1}{2}s_{1,i}^2 = -\eta_1 V_{\mathrm{long},i}(t)$$

则 $\dot{V}_{\mathrm{long},i}(t) \leqslant V_{\mathrm{long},i}(0)\mathrm{e}^{-\eta t}\ \forall t \in [0,\infty)$,那么 η_1 为指数收敛速率。

将式(6-7)代入式(6-5),得:

$$\ddot{e}_i = -\frac{\alpha p_2}{p_1}(\varphi_1 s_{1,i} + \varphi_2 s_{1,i}^{l_1/l_2} + \dot{e}_i^{2-p_1/p_2}) \tag{6-12}$$

当 $\dot{e}_i = 0$ 时,由式(6-6)可得 $s_{1,i} = e_i$,代入式(6-12)得到:

$$\ddot{e}_i = -\frac{\alpha p_2}{p_1}(\varphi_1 e_i + \varphi_2 e_i^{l_1/l_2})$$

所以有 $e_i\ddot{e}_i < 0$。由相轨迹可见,当 $\dot{e}_i = 0$ 时,$s_{1,i}$ 在有限时间内趋近于 0。

假设在滑动模态式(6-6)从 $e_i \neq 0$ 收敛到 $e_i = 0$ 的时间为 t_s。在此阶段,$s_{1,i} = 0$,代入式(6-6),有:

$$\dot{e}_i^{p_1/p_2} = -\alpha e_i \tag{6-13}$$

定义 Lyapunov 候选函数:

$$V_1 = \frac{1}{2}e_i^2$$

并对其求导并整理,有:

$$\dot{V}_1^{p_1/p_2} = -\alpha e_i^{1+p_1/p_2} \tag{6-14}$$

由于 $\alpha > 0$,p_1、p_2 为正奇数,当 $e_i \neq 0$,由 $\dot{V}_i < 0$ 可知,e_i 渐近收敛于 0。将 $e_i^2 = 2\dot{V}_1$ 代入式(6-14)并整理,得:

$$\left(\frac{\mathrm{d}V_1}{\mathrm{d}t}\right)^{p_1/p_2} = -2^{\frac{p_1+p_2}{2p_2}}\alpha V_1^{\frac{p_1+p_2}{2p_2}} \tag{6-15}$$

对上式进行积分,有:

$$\int_0^{t_s}\mathrm{d}t = \int_{V_1(0)}^{V_1(t_s)}\left(-\rho_1 V_1^{\frac{p_1+p_2}{2p_2}}\right)^{-p_2/p_1}\mathrm{d}V_1$$

式中 $\rho_1 = 2^{\frac{p_1+p_2}{2p_2}}\alpha$。

那么

$$t_s = -2\rho_1^{-p_2/p_1}\frac{p_1}{p_1-p_2}V_1^{\frac{p_1-p_2}{2p_1}}\bigg|_{V_1(0)}^{V_1(t_s)}$$

式中由于 e_i 收敛于0,$V_1(t_s)=0$,所以:

$$t_s = 2\rho_1^{-p_2/p_1}\frac{p_1}{p_1-p_2}[V_1(0)]^{\frac{p_1-p_2}{2p_1}} \tag{6-16}$$

同理,对 $V_{\mathrm{lat},i}$ 求导,并代入横向控制律(6-10),可知 $s_{2,i}$ 在 $\dot{\varepsilon}_i \neq 0$ 时指数收敛,其指数收敛速率为 η_2:

$$\eta_2 = 2\varphi_3\dot{\varepsilon}_i^{q_1/q_2-1} \qquad (\dot{\varepsilon}_i \neq 0)$$

而当 $\dot{\varepsilon}_i = 0$ 时,$s_{2,i}$ 在有限时间内趋近于0。其有限收敛时间 t'_s 为:

$$t'_s = 2\rho_2^{-q_2/q_1}\frac{q_1}{q_1-q_2}[V_2(0)]^{\frac{q_1-q_2}{2q_1}} \tag{6-17}$$

式中 $\rho_2 = 2^{\frac{q_1+q_2}{2q_2}}\beta$,$V_2 = \frac{1}{2}\varepsilon_i^2$。

因此,被控车辆个体稳定性证毕。

其次,分析车队稳定性。车队稳定性通过证明不等式:

$$|\xi_i(t)| \leqslant |\xi_{i-1}(t)|$$

成立,就能保证车间距误差不会随着首车速度与加速度变化而被放大并繁衍到整个车队。

由于车队中每个车辆控制系统都能够保证 Lyapunov 指数稳定和有限收敛时间(η_1 和 t_s),将 $e_i=0$,$e_{i\text{-}1}=0$ 代入式(6-4),得到:

$$\begin{cases} c_1\xi_i + c_2\left[x_0 - x_i - \sum_{j=1}^{i}(L_j+d)\right] = 0 \\ c_1\xi_{i-i} + c_2\left[x_0 - x_{i-1} - \sum_{j=1}^{i-1}(L_j+d)\right] = 0 \end{cases}$$

两式相减,有:

$$(c_1+c_2)\xi_i = c_1\xi_{i-1}$$

因为 c_1、$c_2>0$,可知:

$$\left|\frac{\xi_i(t)}{\xi_{i-1}(t)}\right| = \frac{c_1}{c_1+c_2} \leqslant 1 \qquad (i=2,3,\cdots,n)$$

再由:

$$\lim_{t\to t_s} e_1 = \lim_{t\to t_s}(c_1+c_2)\xi_1 = 0$$

得到 $\lim\limits_{t\to t_s}\xi_1=0$，就能推广到 $\lim\limits_{t\to t_s}\xi_i=0(i=1,2,3,\cdots,n)$。因此，车队稳定性证毕。

三、车队多模态迁移系统镇定性

最后，分析车队混成控制系统镇定性。车队混成控制系统的多模态迁移只有在“条件动作”中任意连续两次切换的间隔大于平均驻留时间，就能保证车队多模态迁移系统的指数稳定[61]。定义 $N_\sigma(t,\tau)$ 为 $0\leqslant\tau\leqslant t$ 时段内的切换次数，$S_{\text{ave}}(\tau_D,N_0)$ 是满足如下不等式的所有切换信号的集合：

$$N_\sigma(t,\tau)\leqslant N_0+\frac{t-\tau}{\tau_D} \tag{6-18}$$

式中，τ_D 是平均驻留时间，N_0 为切换信号的振幅。只要 τ_D 足够大，该集合内的任意次切换都能保证车队多模态迁移系统的指数稳定。

根据文献[61]定义信号函数：

$$\chi(t)\ =e^{2\omega_0}V_{\sigma(t)}[x(t)] \tag{6-19}$$

式中，ω_0 为正常数，$V_{\sigma(t)}$ 是 $0\leqslant t_0\leqslant T$ 任意存在的一组关于切换信号的 Lyapunov 函数。对式(6-19) 求导，得：

$$\dot{\chi}(t)=2\omega_0\chi+e^{2\lambda_0}\frac{\partial V_{p_i}(x)}{\partial x}A_{p_i}(x) \tag{6-20}$$

式中，$t\in[t_i,t_{i+1})[i=0,1,\cdots,N_\sigma(t,T)]$，且 $t_{N(t_0,T)+1}=T$。$A_{p_i(x)}$ 是定理给定的状态稳定矩阵的紧集合。因为在 $[t_i,t_{i+1})$ 时段内，$\sigma(t_i)=p_i$，所以有 $\dot{\chi}(t)\leqslant0$，式(6-20)满足定理给出的第一个特性(i)。

接着，根据定理给出的特性(iii)，存在任意正常数 γ，可以在 $i\in[0,(N_\sigma-1)]$ 内得到：

$$\chi[t_{N_\sigma(t,T)}]\leqslant\gamma^{N_\sigma(t_0,T)}\chi(t_0) \tag{6-21}$$

将式(6-19)代入式(6-21)得：

$$e^{2\omega_0T}V_{\sigma(T^-)}[x(T)]\leqslant\gamma^{N_\sigma(t_0,T)}e^{2\omega_0t_0}V_{\sigma(t_0)}[x(t_0)]$$

其中 $\sigma(T^-)\ =\lim\limits_{\tau\to T}\sigma(\tau)$。两边同乘以 $e^{-2\omega_0T}$，得：

$$V_{\sigma(T^-)}[x(T)]\ \leqslant\ e^{-2\omega_0(T-t_0)+N_\sigma(t_0,T)\ln\gamma}V_{\sigma(t_0)}[x(t_0)]$$

为了获得定理规定的稳定裕量 $\omega\in[0,\omega_0)$，必须满足：

$$\omega_0(T-t_0)+N_\sigma(t_0,T)\frac{\ln\gamma}{2}\leqslant k-\omega(T-t_0)$$

对于有限的 k，上式等价于：

$$N_\sigma(t_0,T)\leqslant N_0+\frac{T-t_0}{\tau_D^*} \tag{6-22}$$

式中，$N_0\ =\dfrac{2k}{\ln\gamma},\tau_D^*\ =\dfrac{\ln\gamma}{2(\omega_0\ -\omega)}$。

因此，仿照指数收敛速率 η_1 和有限收敛时间 t_s 的构造方法，对正常数 γ、ω_0 进行试凑，通过计算平均驻留时间满足 $\tau_D\geqslant\tau_D^*$，就能保证车队多模态迁移系统在集合 $S_{\text{ave}}(\tau_D,N_0)$ 内的切换信号控制下具有稳定裕量的 Lyapunov 指数稳定。

第三节　车队多模态变迁 MATLAB 仿真

为了测试本书设计的车队混成控制器,展开一系列车队协同驾驶策略仿真验证控制器的有效性和稳定性。

一、车队变工况策略 MATLAB 仿真

仿真一共使用 7 辆车,按照车队协同驾驶混成自动机顺序,设定第一辆为首车,执行巡航策略;后面 6 辆车执行跟随策略。假设 7 辆车为同一车型,相关参数见表 6-1,组队后的行驶速度是 30m/s,固定车间距是 5m。因此,巡航和跟随模态首先将会被激活。

车辆系统参数　　表 6-1

参　数	数　值	参　数	数　值
m/kg	2045	α	0 ~ 5
$I_z(\mathrm{kg\cdot m^2})$	5428	p_1	5
l_f/m	1.488	p_2	3
l_r/m	1.712	φ_1	0.4
$C_f(\mathrm{N\cdot rad^{-1}})$	77850	φ_2	1.3
$C_r(\mathrm{N\cdot rad^{-1}})$	76510	l_1	3
μ	0.02	l_2	5
$k_D(\mathrm{N\cdot s^2\cdot m^{-2}})$	0.49	β	0.5
$k_L(\mathrm{N\cdot s^2\cdot m^{-2}})$	0.008	q_1	5
$\mathrm{g}(\mathrm{m\cdot s^{-2}})$	9.8	q_2	3
$J_{x,\max}(\mathrm{m\cdot s^{-3}})$	0.27g	φ_3	2
$J_{y,\max}(\mathrm{m\cdot s^{-3}})$	0.05g	φ_4	2.5
c_1	2	l_3	3
c_2	1	l_4	5

仿真 1 假定首车以 $2\mathrm{m/s^2}$ 的加速度,从 0m/s 加速到 30m/s,达到稳定巡航速度。跟随车利用纵向控制律(6-7),与首车保持统一车速的同时,维持稳定的固定车间距。车队相应的车间距误差、速度及加速度变化的仿真结果如图 6-1 所示。从图 6-1 中可以看出,所设计的纵向控制律可以快速、稳定地实现车队巡航控制与跟随控制,具有良好的跟踪性能,并且能够保证车队稳定性。

仿真 2 主要考察由事件触发车队混成自动机的“条件动作”对车队变工况控制系统的影响因素,即车队混成控制系统在切换信号导引下的镇定性分析。假定车队到达稳定巡航速度后,在切换信号导引下,以 $-2\mathrm{m/s^2}$ 的加速度从 30m/s 陡降到 10m/s。仿照式(6-19)对切换信号函数进行数学变换,通过对正常数 γ、ω_0 进行试凑,得到式(6-23)并如图 6-2 所示,这样易于切换驻留时间的观察与计算。

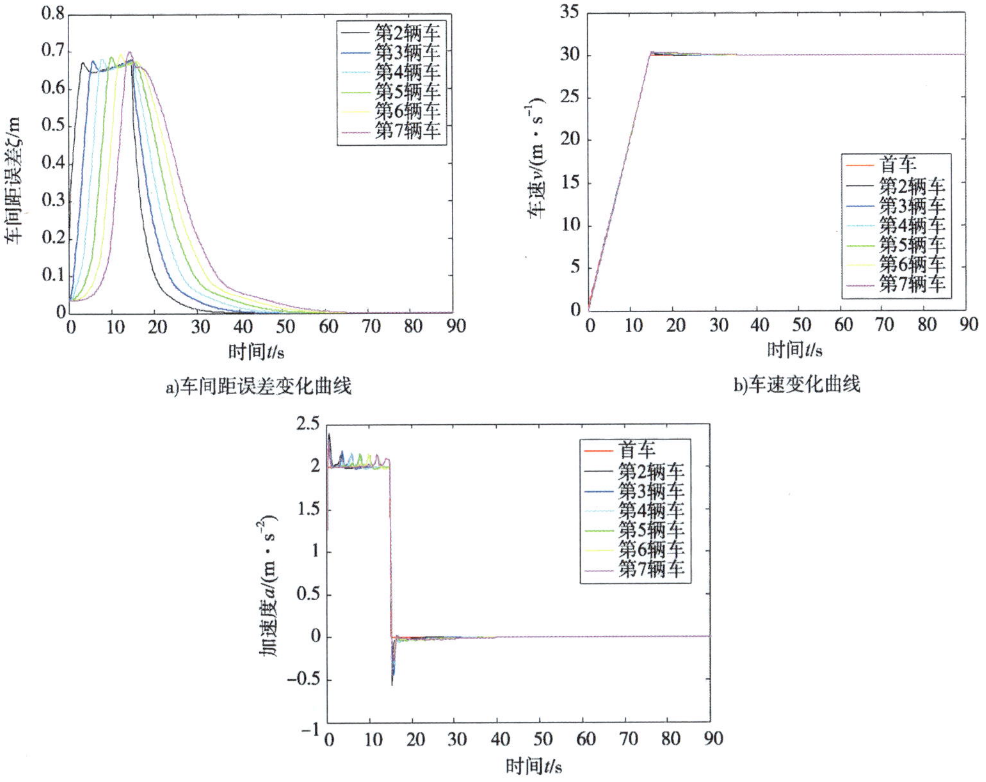

a)车间距误差变化曲线

b)车速变化曲线

c)加速度变化曲线

图 6-1　车队巡航控制仿真

$$\sigma(t)=\begin{cases}0 & 0\leqslant t<99\\ c\left[1-e^{-\omega(t-\tau)}\right] & 99\leqslant t<144\\ 0 & t>144\end{cases} \tag{6-23}$$

式中 $c=400,\omega=0.2,\tau=99$。切换信号的持续时间是 45s。

图 6-3 展示了在该切换信号控制下的车间距误差、速度及加速度变化的仿真结果。

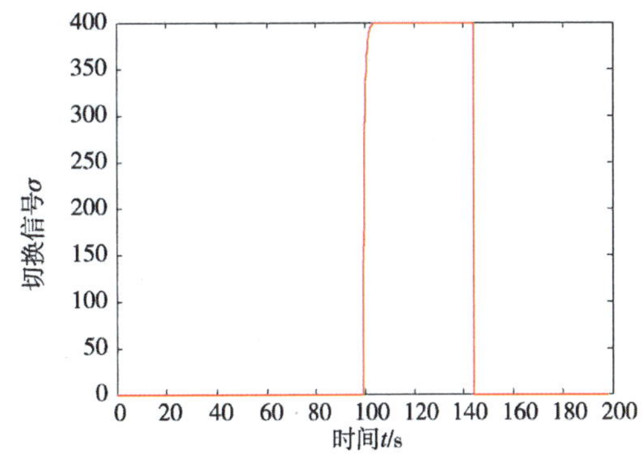

图 6-2　切换信号

从图 6-3 中可以看出，在该切换信号控制过程中，由于切换信号持续一定的时间，使得车队行驶状态，特别是车间距误差出现暂态并伴有急剧增大的振幅，而且只能等到切换信号结束后才会进入稳态。这种情况如前所述会引起车队混成控制系统的振荡，不能保证车队混成控制系统的镇定性。为了使“条件动作”中任意连续两次切换的间隔大于平均驻留时间，换句话说，任意切换信号的持续时间应该尽可能小于平均驻留时间。可利用式(6-23)逐步减少切换信号的持续时间，以保证连续切换的间隔大于平均驻留时间。图6-4展示了基于平均驻留时间的车队变工况切换控制对车间距误差、速度及加速度影响的仿真结果。此时，切换信号的持续时间为22.5s。从图6-4可以看出，基于平均驻留时间的切换信号不会对车队混成控制系统产生振荡，从而保证该系统的镇定性。

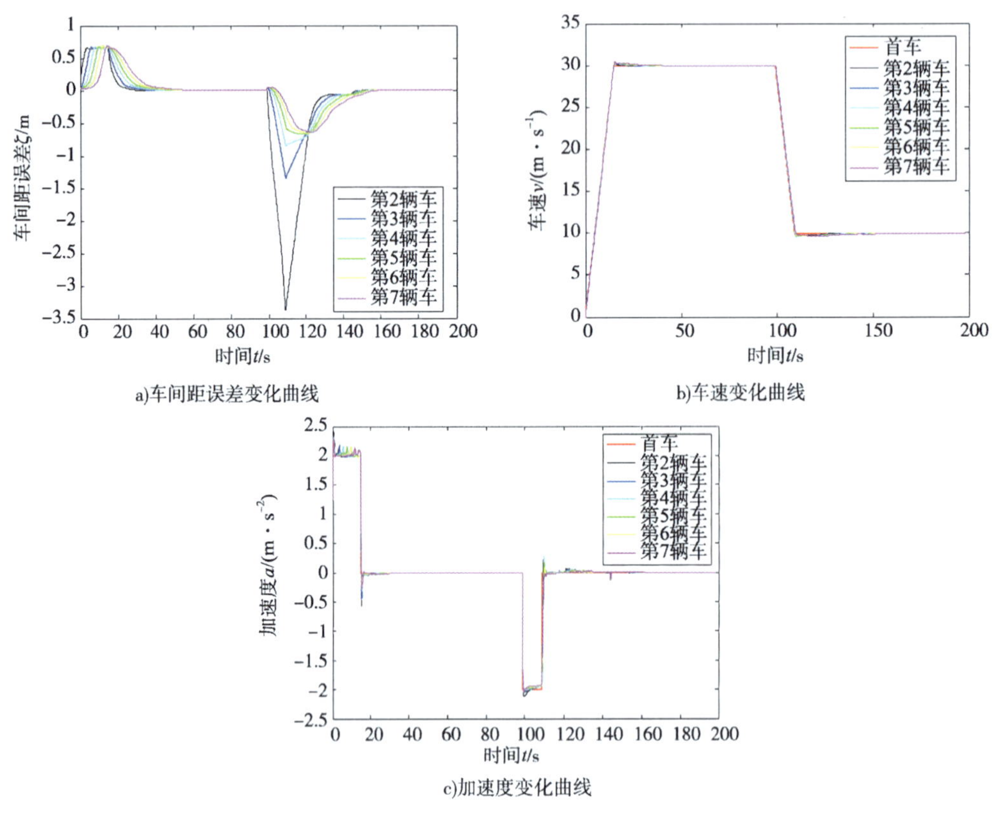

a)车间距误差变化曲线

b)车速变化曲线

c)加速度变化曲线

图6-3 切换信号导引下的车队变工况行驶控制仿真

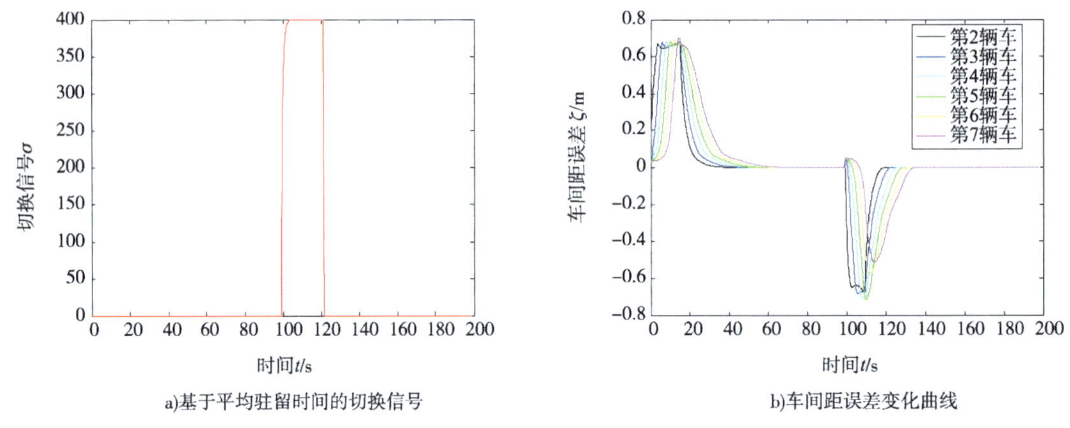

a)基于平均驻留时间的切换信号

b)车间距误差变化曲线

图 6-4

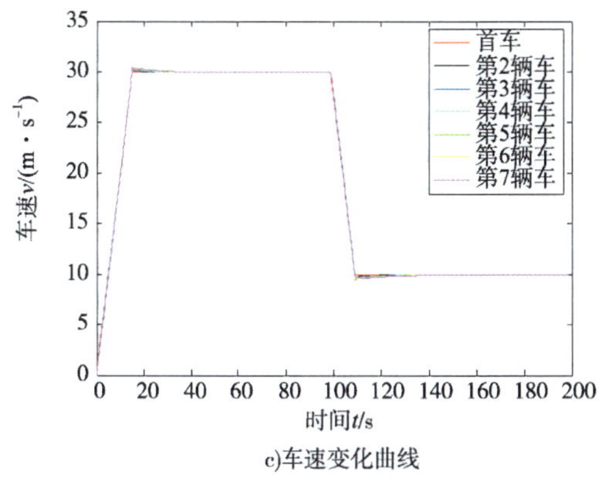

c)车速变化曲线

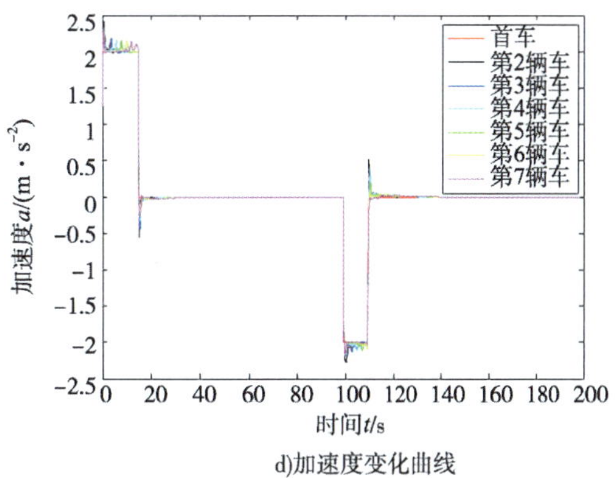

d)加速度变化曲线

图 6-4　基于平均驻留时间的车队变工况切换控制仿真

二、车队拆分与组合策略 MATLAB 仿真

车队拆分与组合策略仿真主要以被控车辆驶出车队为事件触发条件,从而完成车队在拆分模态和组合模态之间的迁移。仍然以上述 7 辆车组成的车队为例,第 4 辆车(即被控车辆)由于某种原因希望驶出车队。假定车道曲率为 0,相邻车道的宽度为 3m,被控车辆通过换道驶出车队时的期望横向最大加速度 $a_{y,\max}=0.05g$。按照表 6-1 中列出的车辆横向最大加速度变化率 $J_{y,\max}=0.05g$,并根据上一章车辆换道策略的仿真可知,被控车辆换道过程中的 $\Delta_1=1\text{s}$,$\Delta_2=1\text{s}$。由于车队稳定行驶的速度是 30m/s,固定车间距是 5m,按照表 6-1 中列出的车辆纵向最大加速度变化率 $J_{x,\max}=0.27g$,并根据第三章求得的碰撞时间公式(3-17)得到车辆碰撞时间 $TTC=1.36\text{s}$。因为 $\Delta_1+\Delta_2>TTC$,由第三章自由换道选择的安全约束条件(3-29)可知,此时的车间距不能保证被控车辆安全驶出车队。因此,需要通过激活拆分模态增大第 4 辆车与前车的车间距离,当其达到安全换道距离后,第 4 辆车就可以开始换道。又假定安全换道距离为 12m,代入式(3-17)得到车辆碰撞时间 $TTC=2.1\text{s}$,满足换道条件(3-29)。仿真规定第 4 辆车在 143s 开始换道,由第三章求得的换道时间公式(3-25)得到被控车辆驶出车队的换道总体时间是 6s,同时由式(6-24)得到自由换道过程中的横向加速度变化为:

$$\ddot{y}_{\text{d}}=\begin{cases}0 & 0\leqslant t<3\\ 0.05g\cdot(t-3) & 3\leqslant t<4\\ 0.05g & 4\leqslant t<5\\ -0.05g\cdot(t-5)+0.05g & 5\leqslant t<7\\ -0.05g & 7\leqslant t<8\\ 0.05g\cdot(t-8)-0.05g & 8\leqslant t<9\\ 0 & t\geqslant 9\end{cases}\tag{6-24}$$

图 6-5 展示了驶出车队的被控车辆实现换道的纵向、横向与横摆运动控制的仿真结果。

从图 6-5 中可以看出,当驶出车队的被控车辆满足自由换道选择的安全约束条件并执行换道策略时,所设计的纵横向控制律可以快速、稳定地实现被控车辆的自由换道控制,具

有良好的跟踪性能。尽管横向加速度与横摆角速度仍然存在细微的抖振，后续可以引入被控车辆所处车道的横向偏差对横向控制律进行改善。

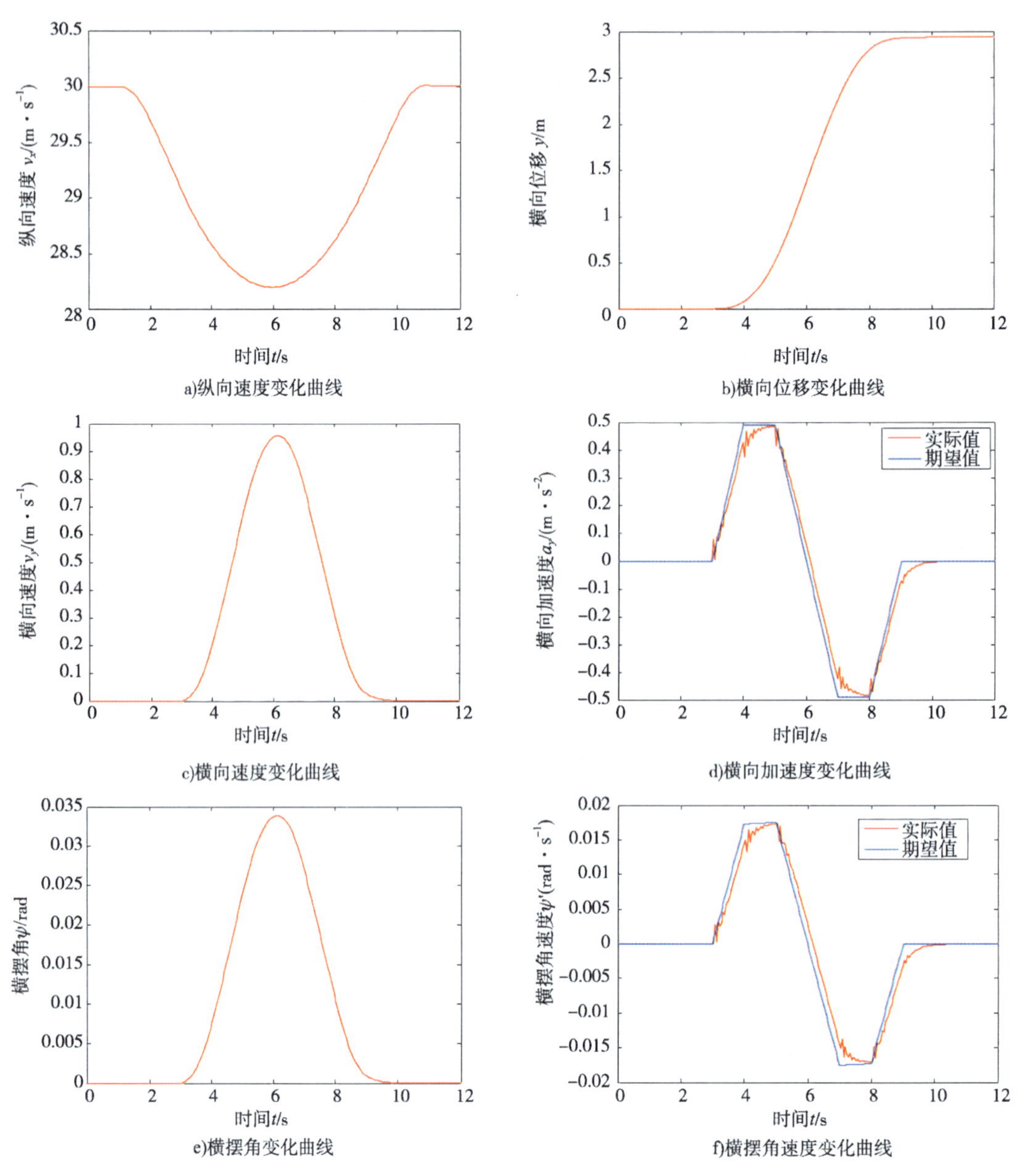

图 6-5 被控车辆自由换道控制仿真

当被控车辆安全、稳定地驶出车队后，仿真从 150s 开始，第 5、6、7 号车组成的新车队又快速、稳定地驶入原车队。相应的车间距误差、速度及加速度变化的仿真结果如图 6-6 所示。

从图 6-6 中可以看出，由第 5、6、7 号车组成的车队，不仅需要保持本车队内各个车辆的速度与车间距，而且还需要在驶入原车队过程中，将换道车辆所需的安全换道距离 12m 迅速减少到整个车队初始设定的固定车间距5m,并保证了车队混成控制系统的稳定性。

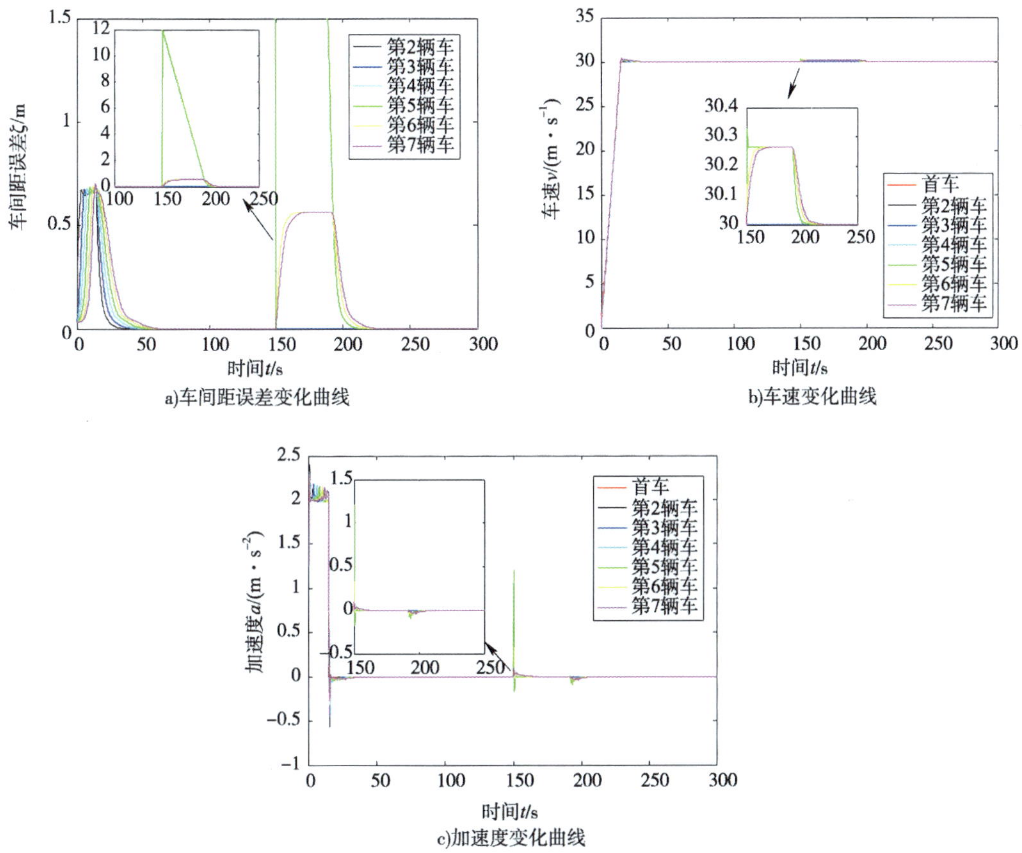

图6-6　车队拆分与重新组合策略仿真

第七章　典型交通场景下车队混成控制方法验证

本书所设计的车队多模态混成控制系统，可以在动态变化的交通场景下，根据不同的车队协同驾驶策略，快速、准确地切换到合适的车队驾驶模态。本章把车队协同驾驶策略概括成自由巡航与组队巡航两种，可以最大限度地精简车队混成系统的控制环节，并在上文对车队混成控制策略、混成自动机控制、一维/二维车队策略仿真、多模态变迁仿真等分析说明的基础上，通过典型场景下多个工况的对比试验，进一步验证所提出的车队协同驾驶系统控制性能及效果。

第一节　车队协同驾驶系统描述

本书所考虑的动态交通场景是指道路上并非所有车辆都是可以通信的，还会出现不能与其他车辆通信的障碍车辆。综合上文对车队系统的分析及对控制器功能的描述，本章所提出的车队协同驾驶系统总体功能如图 7-1 所示。图中，蓝色车辆为不能通信的障碍车辆；其他红色车辆为可协作车辆。图中所有单车及车队执行的都是自由巡航策略，具体的换道、组队与拆分的控制过程则视具体情况而定。车队协同驾驶系统会根据所获得的车辆/车队行驶信息，选择合适的控制策略实现最大化的系统性能。

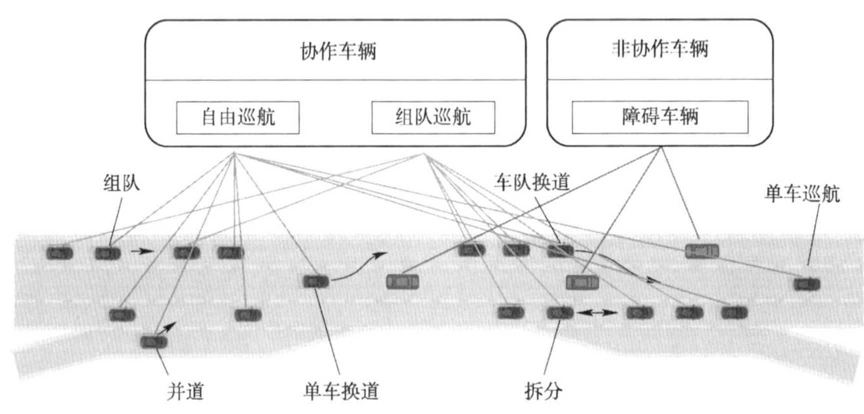

图 7-1　车辆协同驾驶系统总体功能示意图

第二节　车队混成控制算法实现

为了对本书提出的车队行驶策略、混成自动机控制、多模态变迁等进行性能分析及控制效果验证，利用 MATLAB/SIMULINK 工具对车队混成控制器进行建模与仿真验证，主程序流程图如图 7-2 所示。

车队混成控制器主程序主要由 5 个模块组成,分别是系统初始化模块、车辆协作状态检测与切换模块、分布式 MPC 控制器模块、非线性车辆模型解算器模块及系统状态量保存与更新模块。

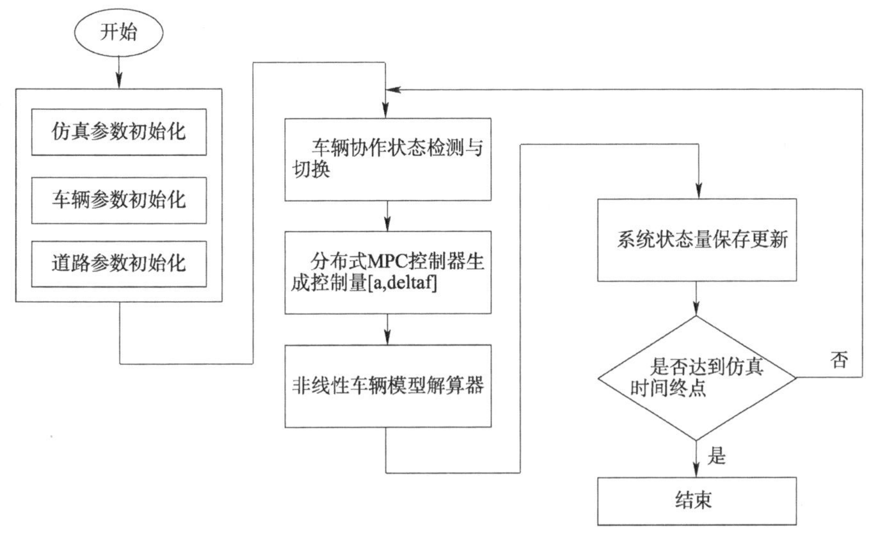

图 7-2　车队混成控制算法主程序流程图

系统初始化模块主要为仿真程序运行前,对车队系统的各个关键参数,如仿真步长、仿真周期等系统参数进行初始化;同时还负责对仿真场景的车辆参数、道路参数进行初始化。在进行了初始化后,就进入程序主循环进行相应的场景仿真。车辆协作状态检测与切换模块、分布式 MPC 控制器模块为控制器主体部分,负责完成车辆协同控制。非线性车辆模型解算器模块为仿真车辆模型,负责进行车辆模型的非线性解算,从而根据控制量生成仿真车辆的控制输出。而系统的状态量保存与更新模块主要负责对每一个仿真步长内的状态及控制量进行保存,同时负责对场景中的障碍车辆状态数据进行更新。下面将分别对车辆状态检测与切换模块及分布式 MPC 控制器模块的关键实现过程进行说明。

一、车辆状态检测与切换模块程序实现

车辆状态检测与切换模块主要负责通过对自身及协同车辆的状态进行检测,从而确定当前是否出现相应的状态触发事件。再根据状态切换规则实现车辆协作状态的确认与变更。关键算法实现方法如下。

车辆状态检测主要是通过查询车辆相关状态变量来确认车辆当前的协同状态,再根据车辆与周边车辆的运行状态来判断当前的状态切换方向。

组队事件触发及状态切换算法实现如下:

if Carhost-platoon == Carhost-ID&&Num_CoCar ~= 0&&Carhost-PltnEn == 1

%若被控车辆所在车队编号为被控车辆自车编号,且周边可以与自身协同的车辆数不为零,同时组队功能开启时

(寻找协同车辆中满足组队要求的车辆,找到潜在的目标组队车辆中距离最近的一辆,确定其编号为 LeaderNum)

```
    if LeaderNum ~=0
    %发现可组队车辆正式进入组队状态切换
    (执行车辆协同状态切换中相关车队状态量的更新)
    end
end
```

拆分事件触发规则及状态切换规则算法实现如下:

```
elseif Carhost-platoon ~ =Carhost-ID              %车辆为组队状态
if (abs(Car(Carhost-LeaderID)-State(1)-Carhost-State(1))>25…%前车与自车距离
                                                              过大
    && Car(Carhost-LeaderID)-State(4)>Carhost-State(4))-%且前车车速大于自车
    ||Carhost-PltnEn= =0 - - -                            %或自车组队功能关闭
    ||abs(Car(Carhost-LeaderID)-State(2)-Carhost-State(2))>3-2%前车横向距离过大
    Car(HostID)-intraDis=30;                          %设定一分离安全距离
    if abs(Car(Carhost-LeaderID)-State(1)-Carhost-State(1))>30
         %正式进入拆分状态切换
    (执行车辆协同状态切换中相关车队状态量的更新)
    end
end
end
```

二、分布式 MPC 控制器模块算法实现

分布式 MPC 控制器模块为执行车辆控制的主体部分,主要由一个非线性优化函数的求解来实现车辆控制量的求解,本书利用 Matlab 提供的 fmincon 函数来进行目标函数的优化求解,控制器的控制效果主要通过目标函数来实现。

1. 目标函数算法实现

MPC 控制器的目标函数是关于车辆状态向量的一个函数,其算法目标就是求得计算预测时域内每一个步长上车辆各状态量对应的目标函数值之和。具体算法实现如下:

```
function cost =
NewMY_costfunction(x,Car,Np,Nc,T,Num_obCar,obCar,Num_lane,lane,Vref,Q,Wx,
Wy,R,Pa,Pw,intraDis)
for i=1:1:Np
%车辆运动学模型
……
(根据车辆运动学模型计算得到预测时域内的车辆各状态值如下)
X_real=zeros(Np+1,1);
Y_real=zeros(Np+1,1);
v_real=zeros(Np+1,1);
X_real(1,1)=X;
```

```
X_real(2:Np+1,1) = X_predict;
Y_real(1,1) = Y;
Y_real(2:Np+1,1) = Y_predict;
PHI_real(1,1) = PHI;
PHI_real(2:Np+1,1) = PHI_predict;
v_real(1,1) = V;
v_real(2:Np+1,1) = v_predict;
WheelAng_real(1,1) = WheelAng;
WheelAng_real(2:Np+1,1) = WheelAng_predict;
%计算预测时域内的势场值
APF_Value(i) = NewCostFunAPFPoint_calc(X_real(i,1),Y_real(i,1),PHI_real(i,1),v_
real(i,1),Car,Num_obCar,obCarPredict,obCarnow,Num_lane,lane);
%如果在车队内,计算与前车预测轨迹的偏差
for counter_i = 1:Num_obCar
    if (obCarPredict(counter_i) - platoon == Car - platoon...
        && obCarPredict(counter_i) - PltnNum == Car - PltnNum - 1)
            X_error(i) = X_real(i,1) - obCarPredict(counter_i) - PredictState(i,1) + intraDis;
            Y_error(i) = Y_real(i,1) - obCarPredict(counter_i) - PredictState(i,2);
            v_error(i) = 2 * (v_real(i) - obCarPredict(counter_i) - PredictState(i,4));
            R = 20 * eye(Np+1,Np+1);
            platoon_flag = 1;
        end
    end
end
U1(i,1) = a(i,1);
U2(i,1) = delta_f(i,1);
%如果为自由巡航,计算与目标速度的偏差
if platoon_flag ~= 1
    v_error = v_real - Vref;
end
%计算目标函数值
cost = cost + APF_Value' * Q * APF_Value + Y_error' * Wy * Y_error + X_error' * Wx * X_
error...
 + v_error' * R * v_error + U1' * Pa * U1 + U2' * Pw * U2;
```

2. 人工势场函数算法实现

人工势场函数的功能是计算相应坐标点所对应的势场值,而其结果是计算点上的道路势场、环境车辆势场与行驶方向势场之和。在计算环境车辆势场时,还需根据车辆与环境车辆的协作状态选择相应的计算方式。算法实现如下:

```
function APF_point =
NewCostFunAPFPoint_calc(x,y,phi,v,Carlocal,Num_obCar,obCar,obCarnow,Num_lane,
lane)
%计算道路势场值
k =0 -8;            %车道线势场增益因子
r_eta =0 -8;        %车道线势场衰减因子

……
(计算道路势场值 APFPoint_road)

%计算车辆势场值
for c_i =1:1:Num_obCar          %分别计算每一辆障碍车辆对计算点的势场值
  if obCar(c_i) - platoon ~ = Carlocal - platoon
  %若障碍车辆与被控车辆不在同一车队的车辆势场值
      (计算车辆纵向势场值 Acar)
      (计算势场点伪距 D_d(c_i))
      %环境车辆势场值只计算对该势场点影响最大的环境车辆势场值
       APFPoint_obCar = max(APFPoint_obCar , Acar * exp( -(D_d(c_i))^2/(2 * eta^
       2)));
elseif (obCar(c_i) - platoon = = Carlocal - platoon)
%若为车队内车辆
      if (obCar(c_i) - PltnNum  = =  Carlocal - PltnNum - 1)
          %仅计算前车势场
          eta =0 -4;  %车队内车辆横向势场衰减系数
          (计算车辆纵向势场值 Acar)
          (计算势场点伪距 D_d(c_i))
APFPoint_obCar = APFPoint_obCar  +  Acar * exp( -(D_d(c_i))^2/(2 * eta^2));
else
          APFPoint_obCar = APFPoint_obCar;
      end
end
end
%计算方向势场值
      APF_speed =  -0 -01 * (x - Carlocal - State(1)) +2;
      if APF_speed <0
      APF_speed =0;
end
%计算点势场值
```

APF_point = APFPoint_obCar * (APFPoint_obCar > APFPoint_lane) + 1/2 * (APFPoint_obCar + APFPoint_lane) * (APFPoint_obCar < = APFPoint_lane) + APF_speed + APFPoint_road;

第三节　车队混成控制算法的试验结果及分析

一、单车自由巡航及换道性能测试

为了测试单车自由巡航及换道性能,仿真场景 1 设置在一条两车道直路上,如图 7-3 所示,Car1 与 Car2 为 2 辆障碍车辆,Car3 为被控车辆。Car1 在右前车道,Car2 与 Car3 在后且 Car2 在 Car3 前方。

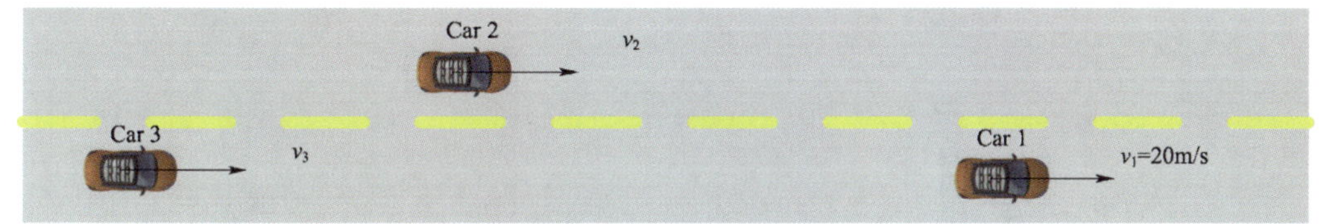

图 7-3　仿真场景 1 示意图

首先设定 3 组仿真工况,见表 7-1,其中 3 辆车的初始位置不变,障碍车 Car1 与被控车 Car3 的速度分别设定为 20m/s 与 25m/s,通过对障碍车 Car2 设置不同的速度来检验被控车辆在 3 组工况下的控制性能。仿真结果如图 7-4 所示。

仿真场景 1 初始参数设置　　表 7-1

车辆编号	车辆类型	工况一			工况二			工况三		
		纵向位置(m)	起始车道(m)	目标速度(m/s)	纵向位置(m)	起始车道(m)	目标速度(m/s)	纵向位置(m)	起始车道(m)	目标速度(m/s)
1	障碍	50	-1.5	20	50	-1.5	20	50	-1.5	20
2	障碍	0	1.5	20	0	1.5	22	0	1.5	23
3	被控	0	-1.5	25	0	-1.5	25	0	-1.5	25

从图 7-4a)中可以看出,Car3 在工况一和工况二中都顺利超过 Car2 并实现了换道。由于工况一中 Car2 的速度低于工况二中的速度,故在此省略工况一的仿真过程。而从图 7-4b)所示的工况三中可以看到,由于 Car2 的速度比工况一和工况二中的速度更快,Car3 在接近 Car1 的同时,没能与 Car2 拉开距离,故 Car3 选择减速至 Car2 超过自己(Car3)后,才进行换道并超越 Car1。从图中可以看出,被控车辆能够根据周围车辆的行驶状况进行决策,从而在保证安全的前提下,实现自车的超车换道或减速跟随。

不同工况下被控车辆横向位移及速度的对比曲线如图 7-5 和图 7-6 所示。从图中可以看出,由于左车道上障碍车辆 Car2 的速度发生变化,被控车辆 Car3 在工况二中的换道时间较工况一更晚。从图 7-6 中可以看出,Car3 在工况一与工况二中的速度基本没变,只在开始换道初期有小幅度波动。而在工况三中,由于自车决策不能超越 Car2 进行换道,故 Car3 执行减速跟随至 Car2 超越自己后,再开始换道。在超过 Car1 后,Car3 开始跟随 Car2,并与 Car2 保持相同的速度。

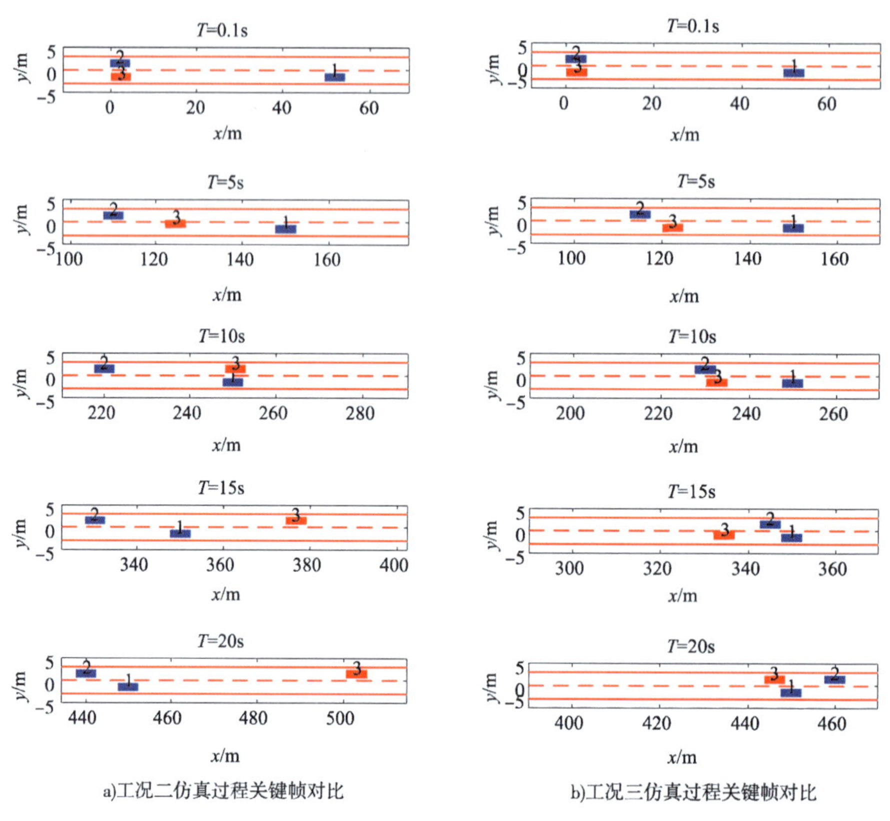

a)工况二仿真过程关键帧对比

b)工况三仿真过程关键帧对比

图 7-4 不同工况下被控车辆自由巡航及换道仿真

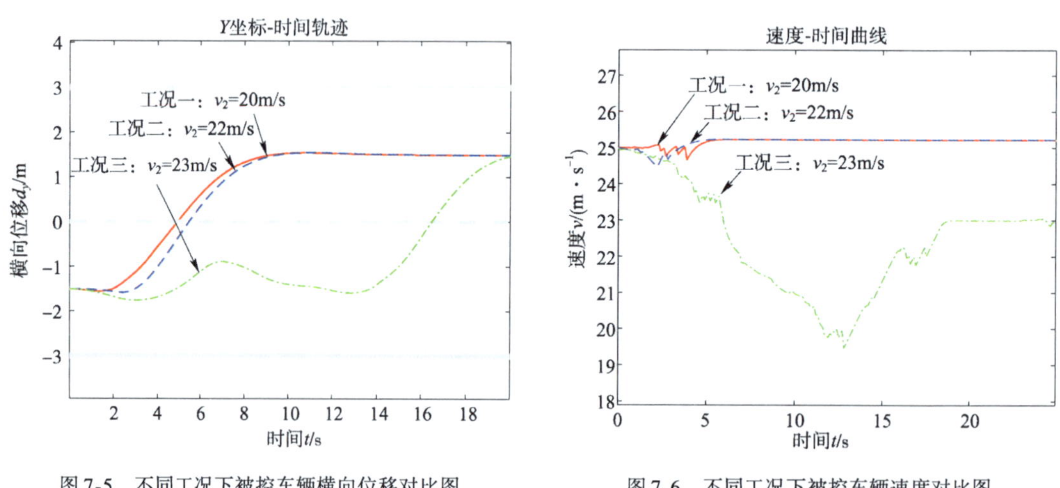

图 7-5 不同工况下被控车辆横向位移对比图

图 7-6 不同工况下被控车辆速度对比图

为了进一步验证被控车辆的控制性能，场景 1 继续设置另外 1 组工况，其初始参数见表 7-2。在此组对比试验中，通过改变 2 辆障碍车间的距离来验证换道空隙的大小对被控车辆换道决策的影响，仿真结果如下。

场景 1 另组工况初始参数设置　　表 7-2

车辆编号	车辆类型	工况四			工况五			工况六		
		纵向位置（m）	起始车道（m）	目标速度（m/s）	纵向位置（m）	起始车道（m）	目标速度（m/s）	纵向位置（m）	起始车道（m）	目标速度（m/s）
1	障碍	50	-1.5	20	50	-1.5	20	50	-1.5	20
2	障碍	10	1.5	20	20	1.5	20	30	1.5	20
3	被控	0	-1.5	25	0	-1.5	25	0	-1.5	25

从图 7-7 中可以看出，Car3 在工况四与工况五中都成功完成换道超车，而在工况六中，Car3 没能完成换道。从图 7-8 中可以看出，相较于工况四的顺利换道，Car3 虽然在工况五中也完成换道，但车速波动相对较大。同样，由于 Car3 在工况六中判断车间距离不能完成换道，自车开始减速跟随 Car1，并维持在 Car1 的车速范围内。这点可以从图 7-9 展示的被控车辆的加速度对比曲线中进行印证。另外，从图 7-9 中可以看出，由于工况五中的换道距离不大，为了保证被控车辆的安全换道，Car3 在换道前先进行了减速，而在换道后再开始加速。

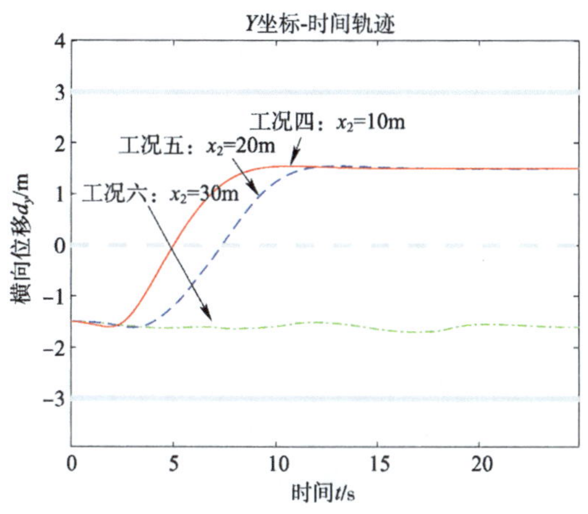

图 7-7　不同工况下被控车辆横向位移对比图

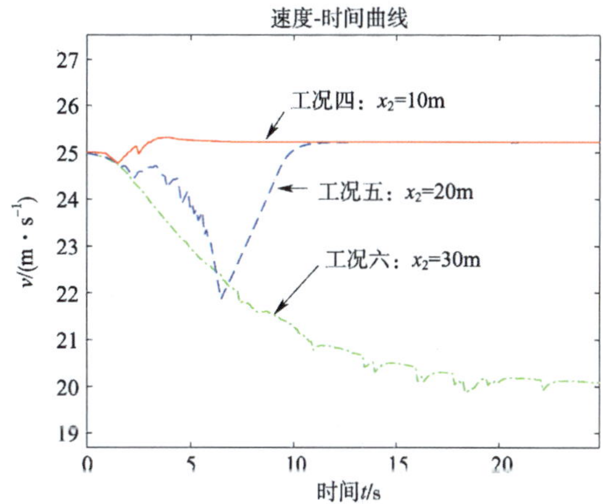

图 7-8　不同工况下被控车辆速度对比图

二、车队巡航稳定性测试

为了测试车队巡航性能，仿真场景 2 设置在一条 2 车道的直路上，如图 7-10 所示，以 Car1 为领航的 8 辆车组成的被控车队在左侧车道行驶。右侧车道前方有三辆障碍车辆 Car9、Car10 和 Car11。

仿真场景 2 的初始参数设置见表 7-3。当行驶一段时间后，障碍车 Car9 突然换道，由于 Car10、Car11 的速度更慢，故被控车队选择减速。被控车队行驶过程中关键帧对比如图 7-11 所示。不同工况下被控车队的加

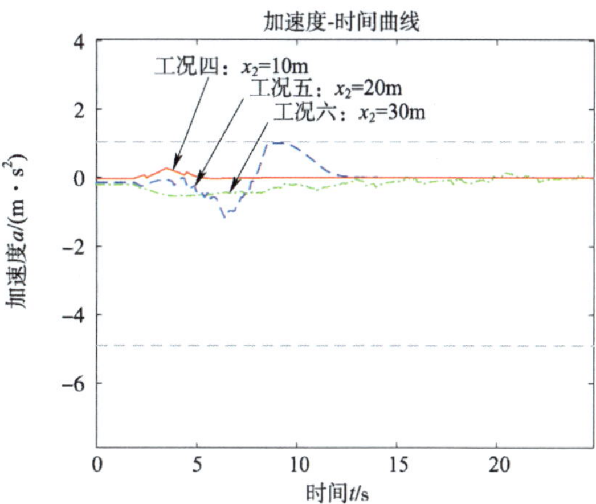

图 7-9　不同工况下被控车辆加速度对比图

速度、速度、队内间距等对比曲线如图7-12至图7-14所示。

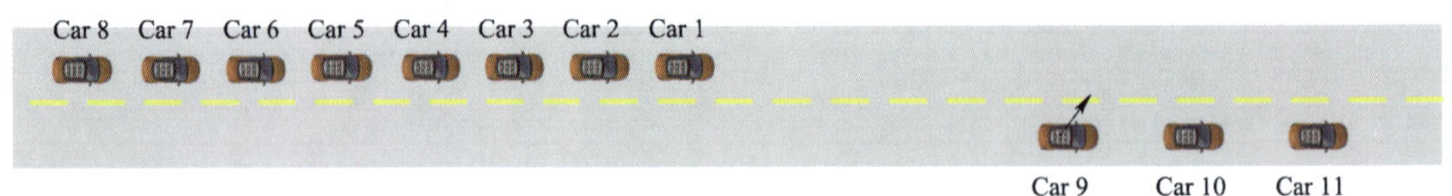

图7-10　仿真场景2示意图

仿真场景2初始参数设置　　表7-3

车辆编号	车辆类型	工况一:无通信8 s换道				工况二:有通信8 s换道			
		通信	纵向位置(m)	起始车道(m)	目标速度(m/s)	通信	纵向位置(m)	起始车道(m)	目标速度(m/s)
1	被控	可通信	84	1.5	28	可通信	84	1.5	28
2	被控	可通信	72	1.5	28	可通信	72	1.5	28
3	被控	可通信	60	1.5	28	可通信	60	1.5	28
4	被控	可通信	48	1.5	28	可通信	48	1.5	28
5	被控	可通信	36	1.5	28	可通信	36	1.5	28
6	被控	可通信	24	1.5	28	可通信	24	1.5	28
7	被控	可通信	12	1.5	28	可通信	12	1.5	28
8	被控	可通信	0	1.5	28	可通信	0	1.5	28
9	被控	无通信	200	-1.5	22	可通信	200	-1.5	22
10	障碍	无通信	230	-1.5	20	无通信	230	-1.5	20
11	障碍	无通信	250	-1.5	20	无通信	250	-1.5	20

从图7-12中可以看出,当障碍车辆Car9在同一时刻进行换道时,在有通信的工况二中,被控车队执行减速的时间更早,如图中的8s时就开始进行减速,加速度变化较小;而在无通信的工况一中,被控车队需要等到Car9的换道意图比较明显的时候才能开始减速。

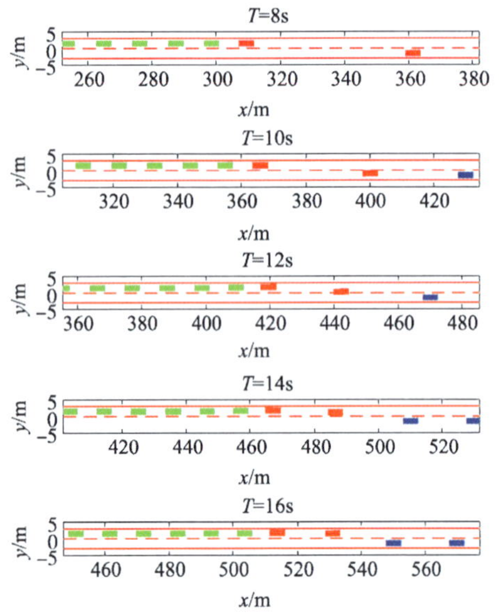

图7-11　被控车队行驶过程中关键帧对比图

从图7-13中可以看出,被控车队整体速度变化与加速度变化一致,且在无通信的工况一中,车队减速更加剧烈。

从图7-14中可以看出,相比有通信的工况二,在无通信的工况一中,由于障碍车辆突然换道,Car2与领航车的间距出现了较大的波动。但随着整个被控车队速度的降低,车队间距重新趋于稳定。

为了进一步检验车队巡航稳定性能,仿真场景2另外增加两个工况,假设障碍车辆在10s时才进行换道,此时被控车队与障碍车辆的距离更近,减速过程将更加剧烈,仿真初始参数见表 7-4。

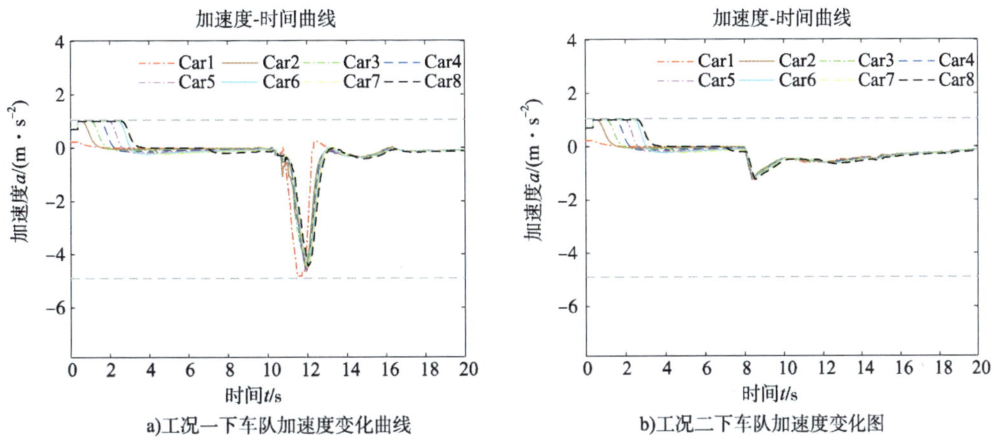

a)工况一下车队加速度变化曲线

b)工况二下车队加速度变化图

图 7-12　不同工况下被控车队加速度对比曲线

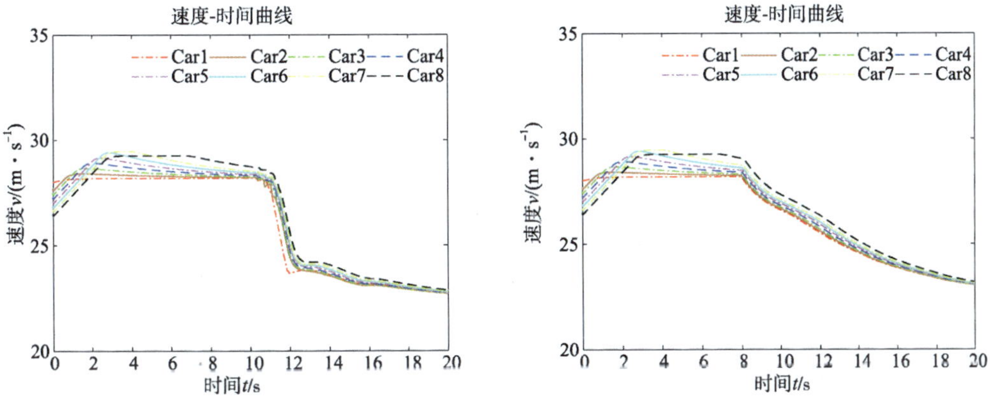

a)工况一下车队速度变化曲线

b)工况二下车队速度变化曲线

图 7-13　不同工况下被控车队速度对比图

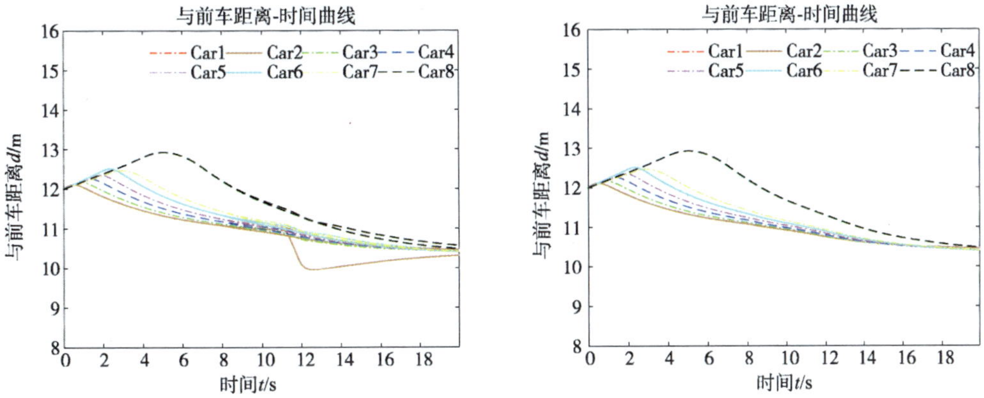

a)工况一下车队内间距变化曲线

b)工况二下车队内间距变化曲线

图 7-14　不同工况下被控车队内间距对比图

仿真场景 2 另外两工况初始参数设置 表 7-4

车辆编号	车辆类型	工况三:无通信 10 s 换道				工况四:有通信 10 s 换道			
		通信	纵向位置(m)	起始车道(m)	目标速度(m/s)	通信	纵向位置(m)	起始车道(m)	目标速度(m/s)
1	被控	可通信	84	1.5	28	可通信	84	1.5	28
2	被控	可通信	72	1.5	28	可通信	72	1.5	28
3	被控	可通信	60	1.5	28	可通信	60	1.5	28
4	被控	可通信	48	1.5	28	可通信	48	1.5	28
5	被控	可通信	36	1.5	28	可通信	36	1.5	28
6	被控	可通信	24	1.5	28	可通信	24	1.5	28
7	被控	可通信	12	1.5	28	可通信	12	1.5	28
8	被控	可通信	0	1.5	28	可通信	0	1.5	28
9	障碍	无通信	200	-1.5	22	可通信	200	-1.5	22
10	障碍	无通信	230	-1.5	20	无通信	230	-1.5	20
11	障碍	无通信	250	-1.5	20	无通信	250	-1.5	20

不同工况下被控车队速度、加速度、队内间距等对比曲线如图 7-15 ~ 图 7-17 所示。

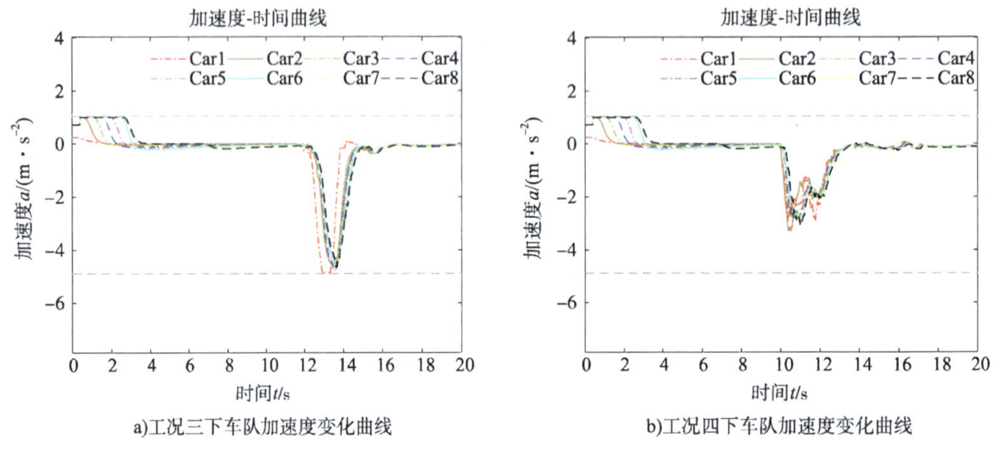

a)工况三下车队加速度变化曲线　b)工况四下车队加速度变化曲线

图 7-15　不同工况下被控车队加速度对比图

从图 7-15 中可以看出,当障碍车辆 Car9 在同一时刻进行换道时,在有通信的工况四中,被控车队执行减速的时间更早,如图中的 10s 时就开始进行减速,加速度变化较小;而在无通信的工况三中,被控车队需要等到 Car9 的换道意图比较明显的时候才能开始减速。

从图 7-16 中可以看出,被控车队整体速度变化与加速度变化一致,且在无通信的工况三中,车队减速更加剧烈。

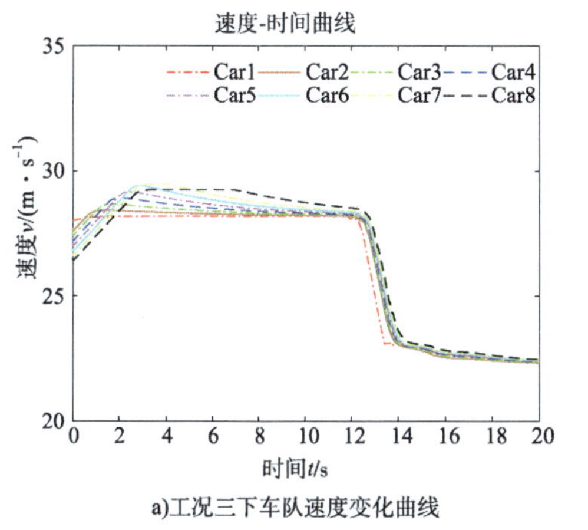

a)工况三下车队速度变化曲线

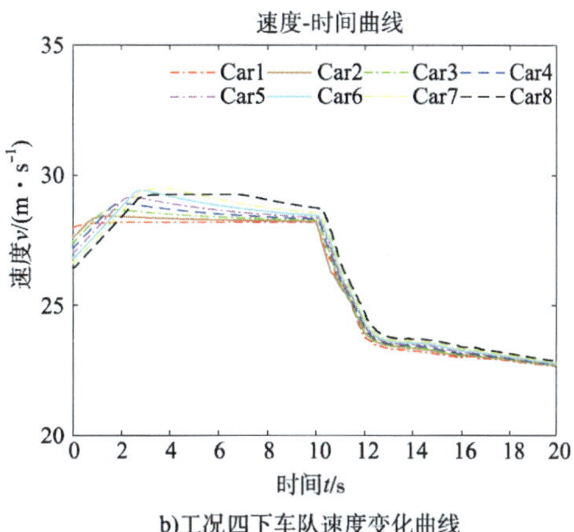

b)工况四下车队速度变化曲线

图 7-16　不同工况下被控车队速度对比图

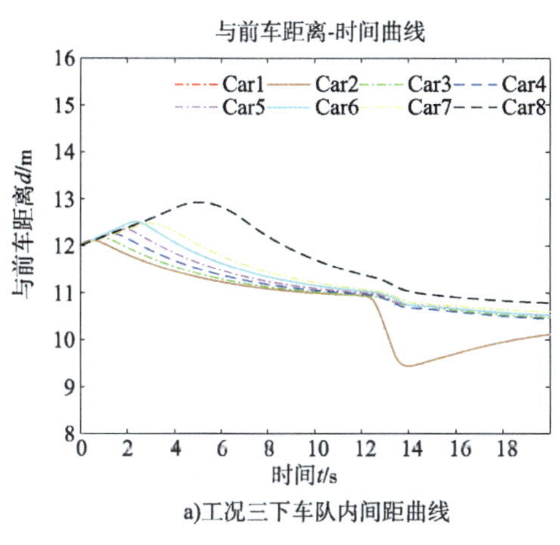

a)工况三下车队内间距曲线

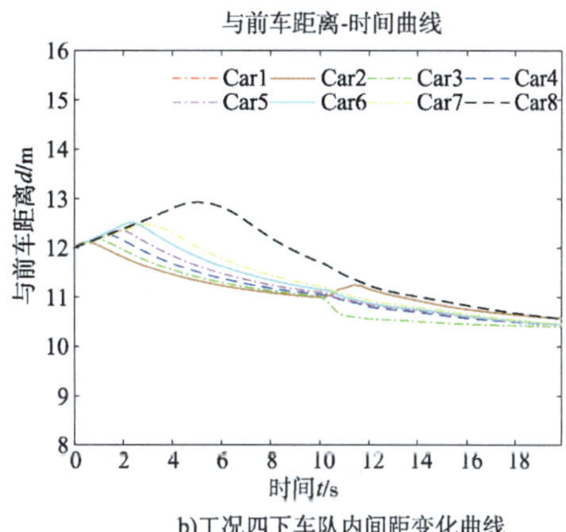

b)工况四下车队内间距变化曲线

图 7-17　不同工况下被控车队内间距对比图

从图 7-17 中可以看出，相比有通信的工况四，在无通信的工况三中，由于障碍车辆突然换道，Car2 与领航车的间距出现了较大的波动。但随着整个被控车队速度的降低，车队间距重新趋于稳定。

三、车队拆分性能测试

为了测试车队拆分性能，仿真场景 3 设置在一条 2 车道的直路上，如图 7-18 所示，以 Car1 为领航的 8 辆车组成的被控车队在右侧车道行驶，2 辆障碍车辆 Car9 和 Car10 分别在图中位置行驶。

仿真场景 3 的初始参数设置见表 7-5。通过设置 3 组工况来改变障碍车辆 Car9 的速度，被控车队行驶过程中关键帧对比如图 7-19 所示。其中蓝色方块代表障碍车辆，红色方块代表被控车队的领航车，绿色方块代表被控车队的中的跟随车。

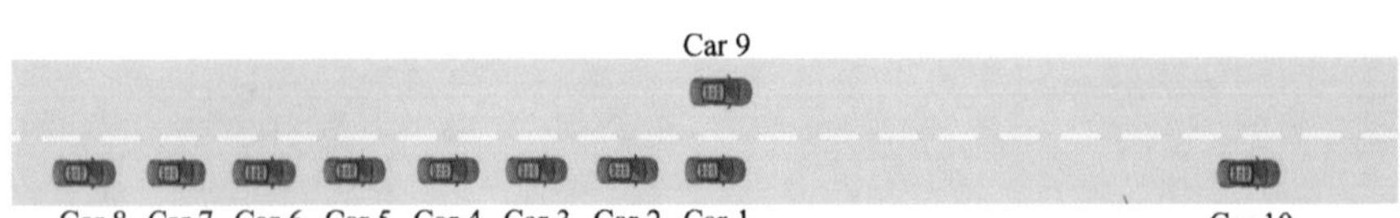

图 7-18　仿真场景 3 示意图

仿真场景三初始参数设置　　表 7-5

车辆编号	车辆类型	工况一			工况二			工况三		
		纵向位置（m）	起始车道（m）	目标速度（m/s）	纵向位置（m）	起始车道（m）	目标速度（m/s）	纵向位置（m）	起始车道（m）	目标速度（m/s）
1	被控	70	-1.5	25	70	-1.5	25	70	-1.5	25
2	被控	60	-1.5	25	60	-1.5	25	60	-1.5	25
3	被控	50	-1.5	25	50	-1.5	25	50	-1.5	25
4	被控	40	-1.5	25	40	-1.5	25	40	-1.5	25
5	被控	30	-1.5	25	30	-1.5	25	30	-1.5	25
6	被控	20	-1.5	25	20	-1.5	25	20	-1.5	25
7	被控	10	-1.5	25	10	-1.5	25	10	-1.5	25
8	被控	0	-1.5	25	0	-1.5	25	0	-1.5	25
9	障碍	70	1.5	21	70	1.5	21.5	70	1.5	22
10	障碍	120	-1.5	20	120	-1.5	20	120	-1.5	20

从图 7-19 可以看出，车队混成控制系统可以根据障碍车 Car9 的速度，决定不同的控制决策来保证车队的安全行驶。在工况一中，由于障碍车速度相对较慢，整个车队有足够的时间进行变道，并成功超越了障碍车 Car9。在工况二中，由于障碍车速度有所增加，整个车队在进行换道时，只有前五辆车成功完成换道。由于 Car6 检测到 Car9 与 Car10 间没有安全的换道距离，故被控车队执行了拆分控制。这样 Car6 成为新的领航车，带领 Car7 与 Car8 继续沿自车道行驶。在工况三中，由于障碍车 Car9 速度继续增加，被控车队只有前三辆车成功完成了换道，故 Car4 成为新的领航车，带领其余跟随车辆先减速至 20s 左右。此时由于 Car10 车速低于 Car9，新的车队又通过换道最终超越障碍车 Car10。不同工况下被控车队加速度、速度、队内间距等对比曲线如图 7-20 ~ 图 7-22 所示。

从图 7-20 可以看出，工况一中，由于被控车队换道过程较为顺利，整个车队在换道过程中的速度只发生了较小的波动，且随着换道的完成，整个车队的速度趋于平稳。在工况二中的14s左右时，从Car5开始的跟随车速度出现波动，虽然Car5最终加速跟上前方车队，但是由于从Car6开始被控车队执行拆分控制，故从Car6开始，新的车队逐渐减速至障碍车Car10的速度20m/s。在工况三中，当仿真进行到8s左右时，从Car3开始，被控车队执行拆分控制。以Car4为领航车的新车队先减速至障碍车Car10的速度20m/s，随后由于Car10速度低于Car9，又完成对障碍车Car10的换道与超车，最后跟随Car9行驶至仿真结束。

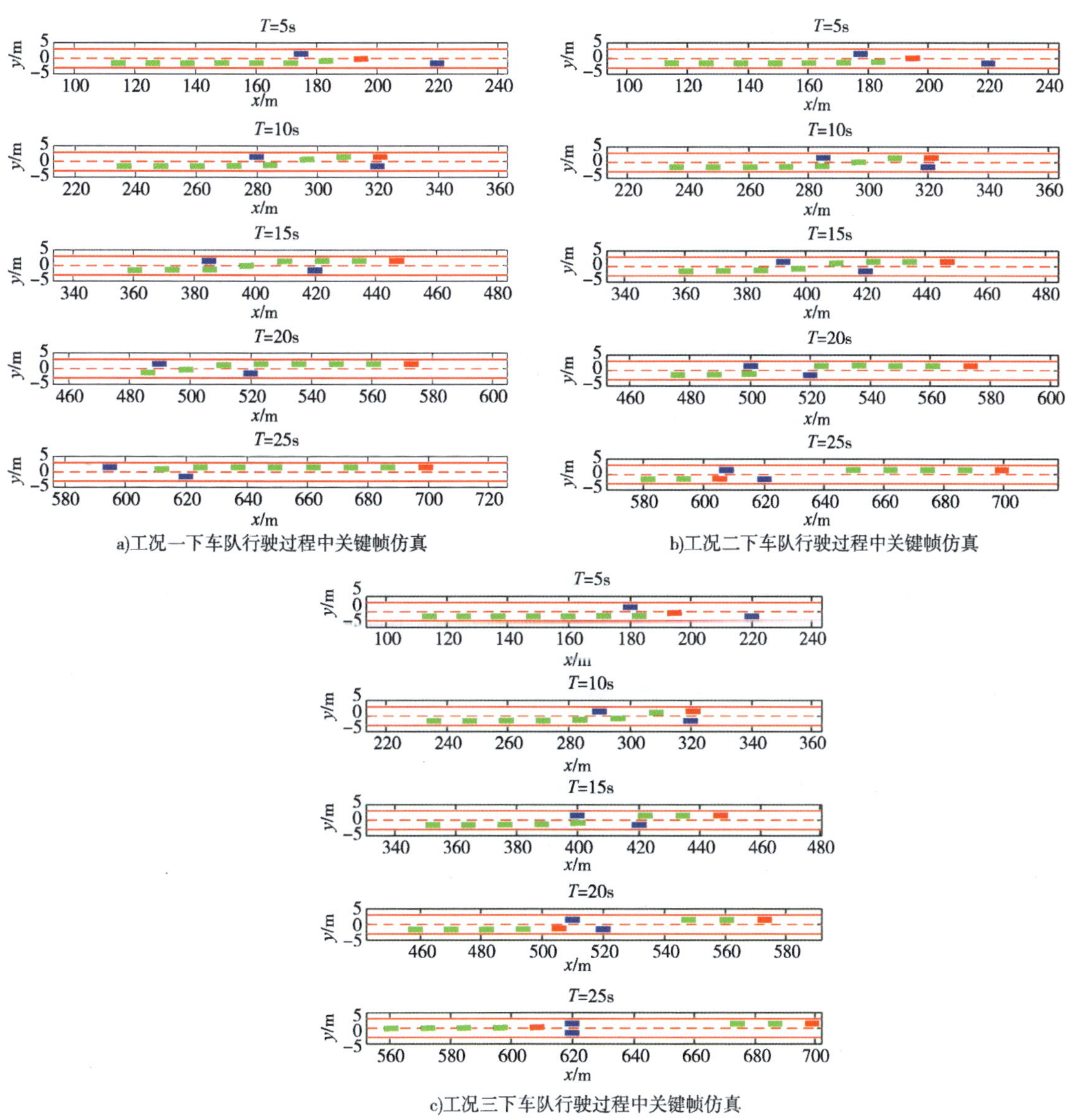

a)工况一下车队行驶过程中关键帧仿真

b)工况二下车队行驶过程中关键帧仿真

c)工况三下车队行驶过程中关键帧仿真

图7-19 不同工况下被控车队行驶过程中关键帧对比图

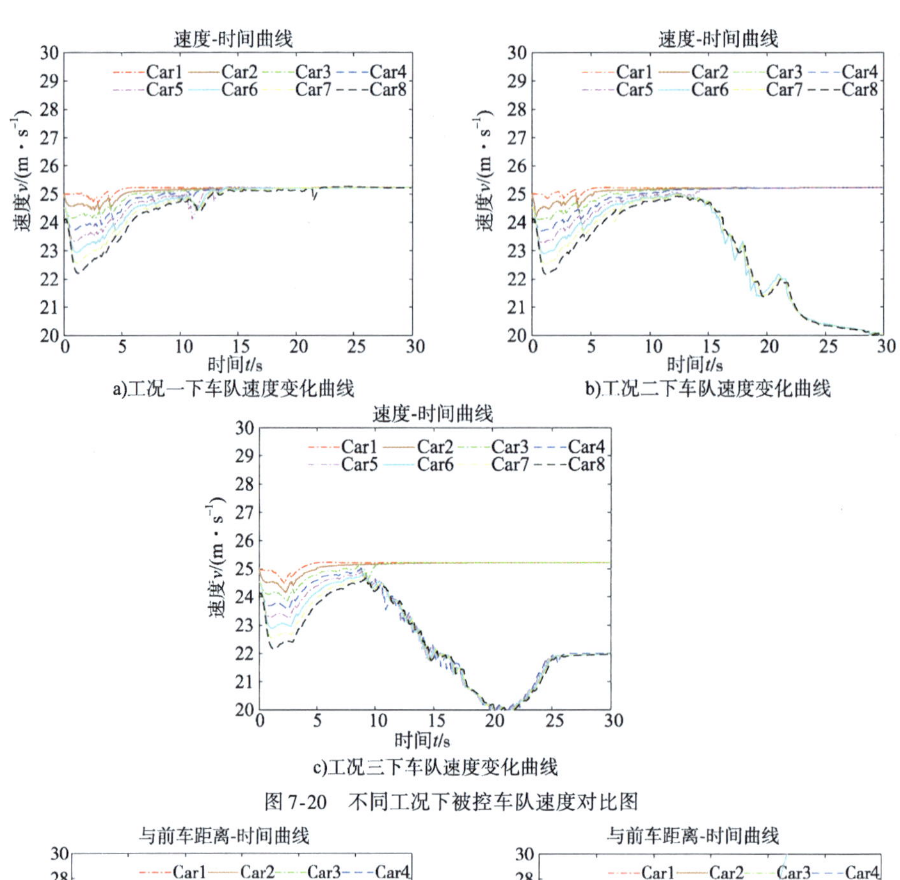

速度-时间曲线
Car1
Car2
Car3
Car4
Car5
Car6
Car7
Car8
速度v/(m·s⁻¹)
时间t/s

a)工况一下车队速度变化曲线

速度-时间曲线
Car1
Car2
Car3
Car4
Car5
Car6
Car7
Car8
速度v/(m·s⁻¹)
时间t/s

b)工况二下车队速度变化曲线

速度-时间曲线
Car1
Car2
Car3
Car4
Car5
Car6
Car7
Car8
速度v/(m·s⁻¹)
时间t/s

c)工况三下车队速度变化曲线

图 7-20　不同工况下被控车队速度对比图

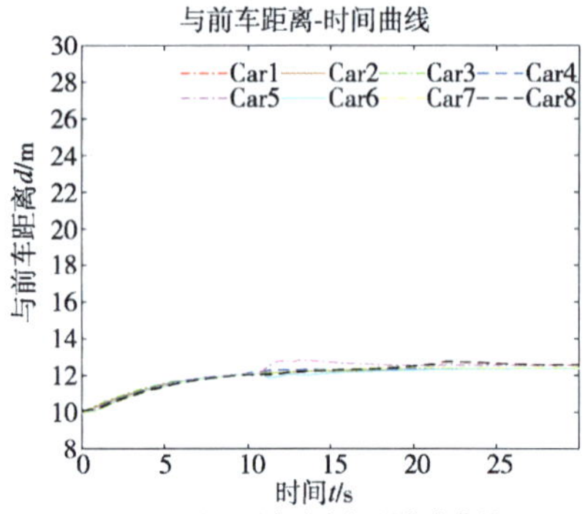

与前车距离-时间曲线
Car1
Car2
Car3
Car4
Car5
Car6
Car7
Car8
与前车距离d/m
时间t/s

a)工况一下车队内间距变化曲线

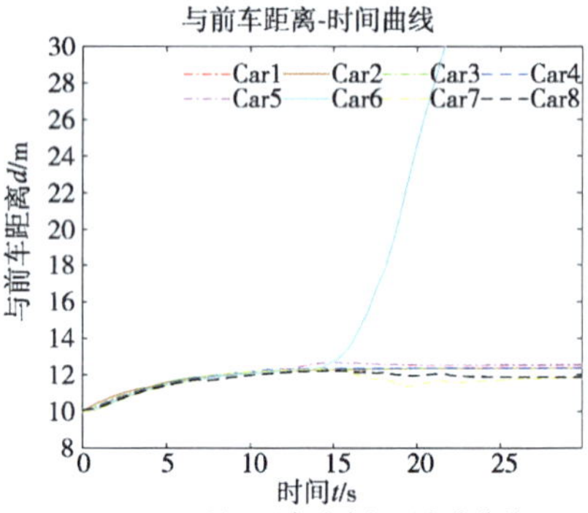

与前车距离-时间曲线
Car1
Car2
Car3
Car4
Car5
Car6
Car7
Car8
与前车距离d/m
时间t/s

b)工况二下车队内间距变化曲线

与前车距离-时间曲线
Car1
Car2
Car3
Car4
Car5
Car6
Car7
Car8
与前车距离d/m
时间t/s

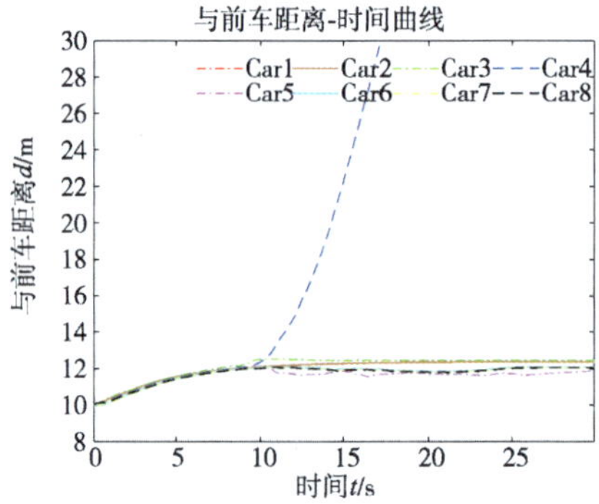

c)工况三下车队内间距变化曲线

图 7-21　不同工况下被控车队内间距对比图

从图 7-21 可以看出，工况一中的车队内间距在换道过程中仅发生了微小波动，且在换道结束后趋于平稳。从工况二中的 15s 左右，以 Car6 为领航的新车队与前方车辆的间距逐渐增加，新车队内间距保持稳定。从工况三中的 10s 左右，以 Car4 为领航的新车队与前方车辆的间距逐渐增加，新车队内间距保持稳定。

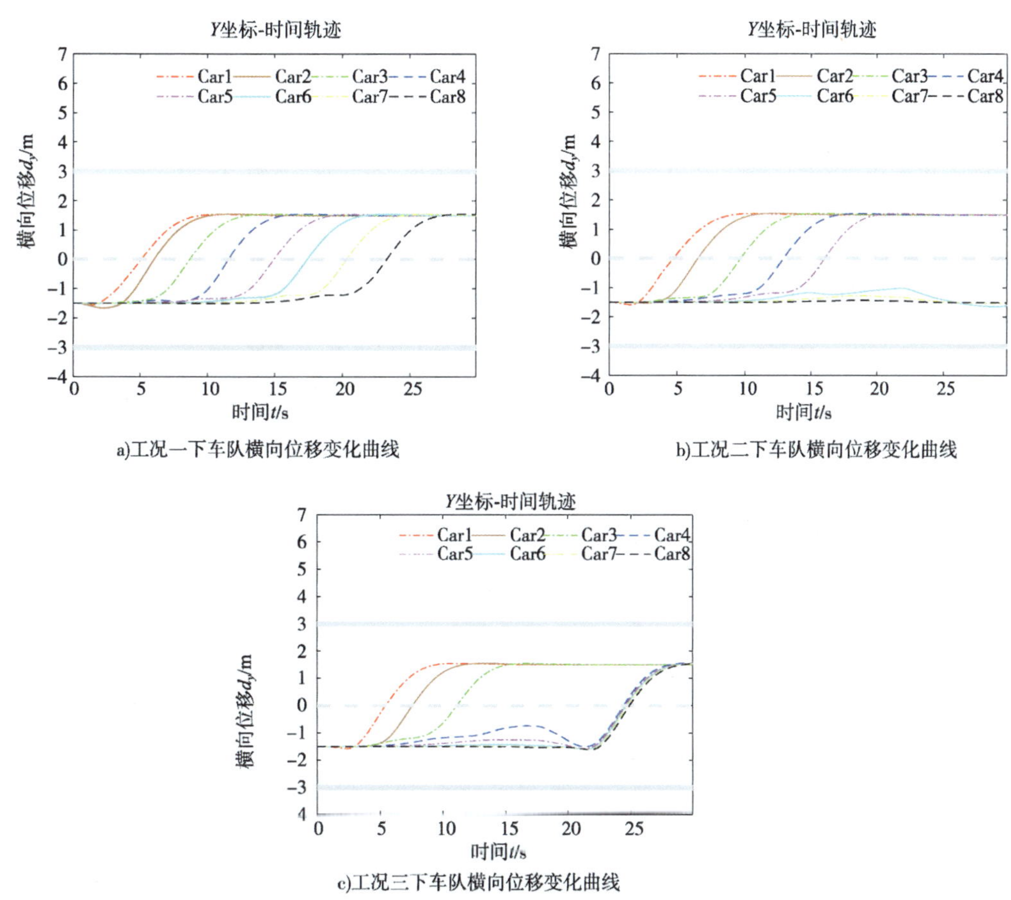

a)工况一下车队横向位移变化曲线

b)工况二下车队横向位移变化曲线

c)工况三下车队横向位移变化曲线

图 7-22 不同工况下被控车队横向位移对比图

从图 7-22 可以看出，工况一中由于整个被控车队都完成换道，故整个车队的横向位移变化较为一致。当工况二中的被控车队执行拆分控制后，由 Car6、Car7 与 Car8 组成的新车队没有执行换道，仍在自车道行驶。工况三中以 Car4 为领航的新车队在仿真中的大部分时间内在自车道行驶，直到障碍车 Car9 开始逐渐超越 Car10 时，由于新车队的速度高于 Car10，故重新执行换道并超越 Car10。

四、多车混行场景下车队多模态变迁性能测试

为了进一步测试车队多模态变迁性能，仿真场景 4 设置包含多辆被控车辆及多辆障碍车辆组成的混行道路场景。其中，编号 1 到 8 的被控车辆在图 7-23a）中相应位置，前方有 7 辆编号为 10 到 15 的匀速行驶的障碍车辆在图 7-23b）中相应位置。

仿真场景 4 的初始参数设置见表 7-6。各个被控车辆多模态变迁仿真关键帧对比如

图7-24所示。蓝色方块代表障碍车辆,红色方块为被控车辆,方块上的数字代表车辆编号。绿色方块代表车队中的跟随车辆,上方数字为车辆所在车队编号,也就是车队领航车编号。

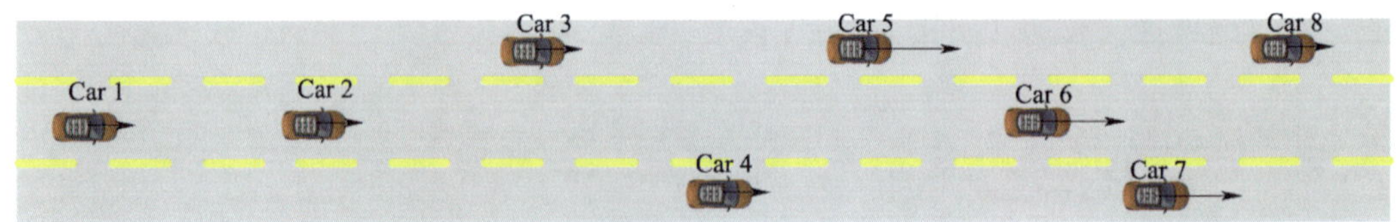

a)被控车辆分布示意图

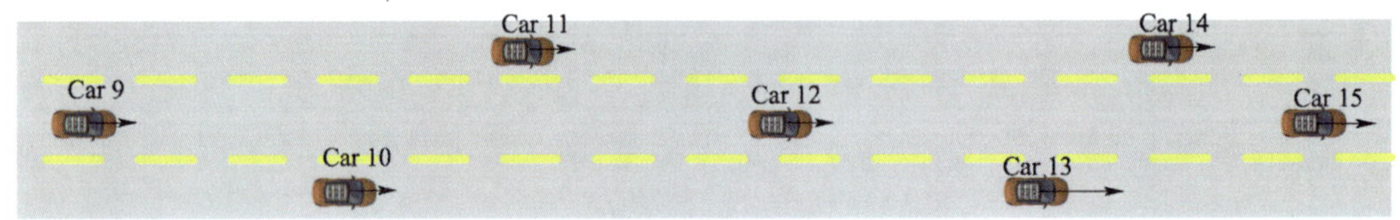

b)障碍车辆分布示意图

图7-23 仿真场景4示意图

仿真场景4初始参数设置 表7-6

车辆编号	车辆类型	纵向位置(m)	起始车道(m)	目标速度(m/s)	车辆编号	车辆类型	纵向位置(m)	起始车道(m)	目标速度(m/s)
1	被控	0	1.5	29	9	障碍	150	1.5	22
2	被控	30	1.5	28	10	障碍	190	-1.5	22
3	被控	50	4.5	28	11	障碍	200	4.5	22
4	被控	70	-1.5	28	12	障碍	250	1.5	22
5	被控	80	4.5	28	13	障碍	300	-1.5	22
6	被控	100	1.5	28	14	障碍	320	4.5	22
7	被控	110	-1.5	28	15	障碍	350	1.5	22
8	被控	120	4.5	28					

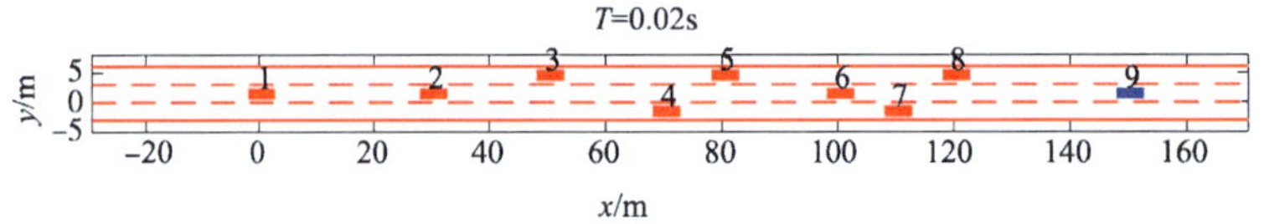

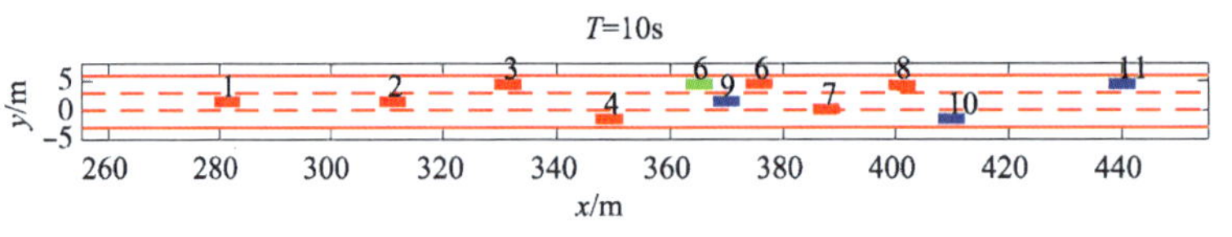

图 7-24

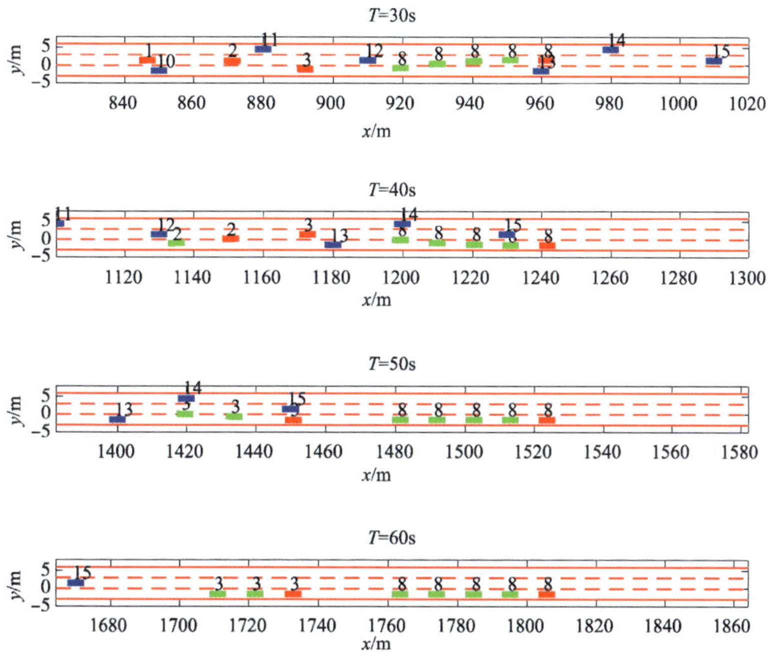

图 7-24　混行场景中车队多模态变迁仿真关键帧对比图

从图 7-24 可以看出,大约 10s 时,5 车已由红色方块变为绿色方块且编号变为 6。表示已经加入 6 车所在车队。30s 时,4、5、6、7 车已经加入 8 车车队,都变为了绿色方块代表的跟随车,编号也都变为 8。40s 时,1 车加入 2 车车队。50s 时,1 车与 2 车已经都加入 3 车车队。各个被控车辆纵向、横向及横摆运动曲线变化如图 7-25 所示。

从图 7-25 可以看出,多车混行场景中的各个被控车辆根据巡航、换道等模态的触发与激活,各自组成所需车队,并能保持各个车队行驶稳定性。

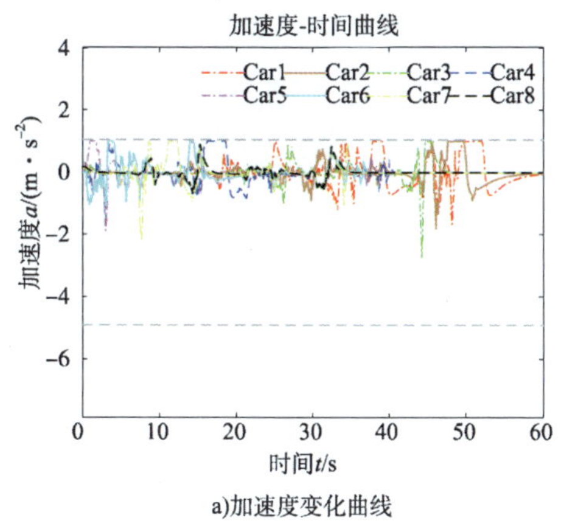

a)加速度变化曲线

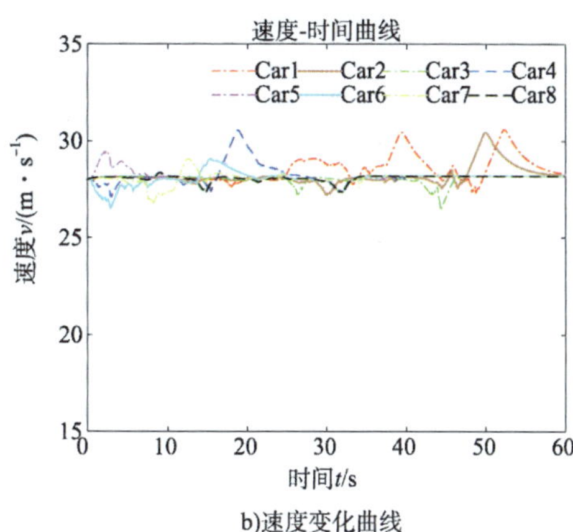

b)速度变化曲线

图　7-25

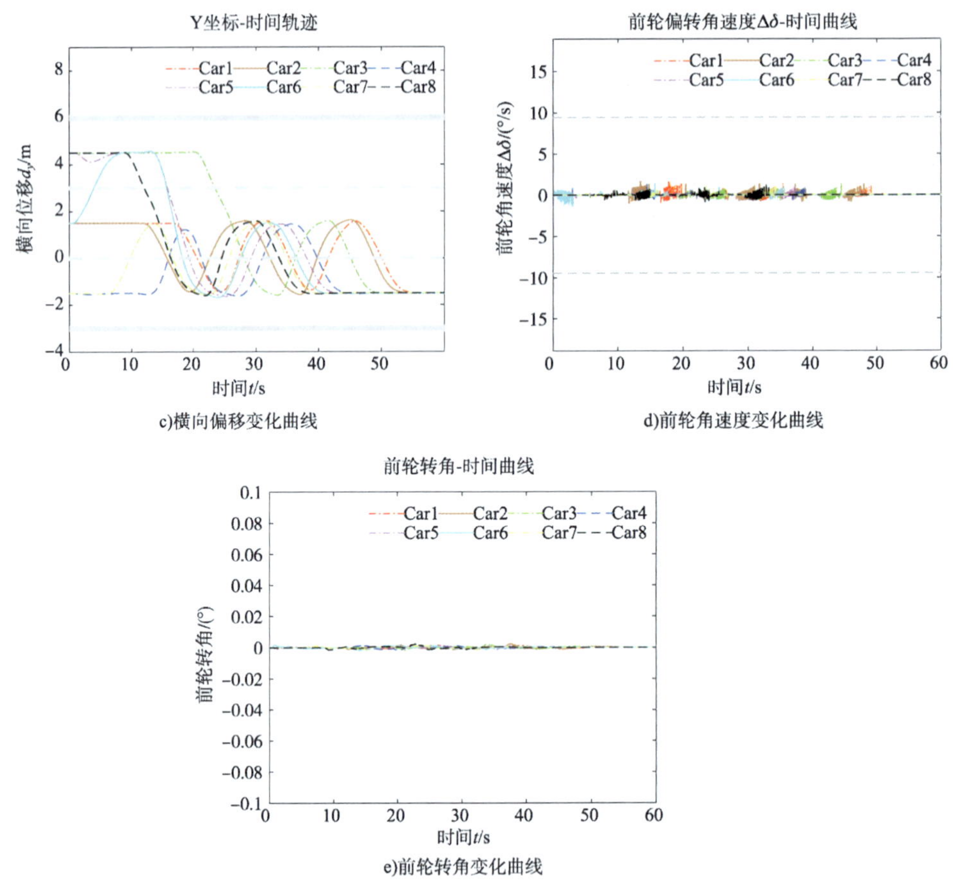

c)横向偏移变化曲线

d)前轮角速度变化曲线

e)前轮转角变化曲线

图 7-25　混行场景下各个被控车辆运动曲线

从图 7-26 可以看出,仿真刚开始时,5 车就与 6 车组成车队,车队长度变为 2。10s 左右,7 车与 8 车组队。随后 5 车和 6 车组成的车队也编入 7 车与 8 车的组队中,新的车队由 8 车领航,7、6、5 车按顺序跟随。16s 左右,4 车也进入此新车队中。37s 左右,在后方的 1 车在与 2 车组队后,编入 3 车的车队直到仿真结束。最后,8 辆被控车分别组成了两个新车队。混行过程中各个被控车辆的混成控制顺利且符合迁移逻辑。

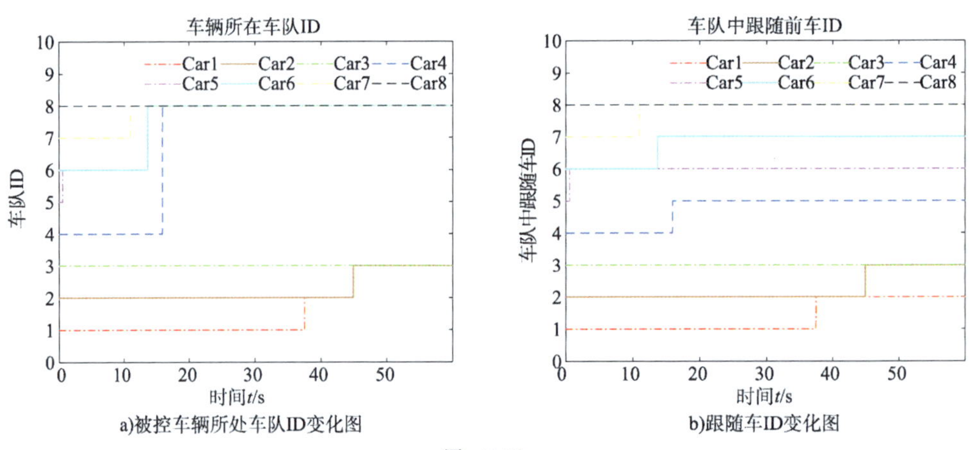

a)被控车辆所处车队ID变化图

b)跟随车ID变化图

图　7-26

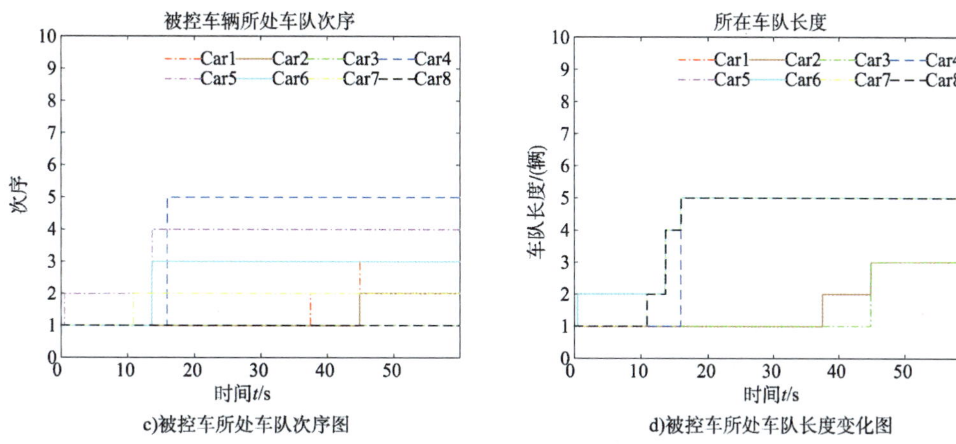

c)被控车所处车队次序图

d)被控车所处车队长度变化图

图 7-26　混行场景下车队模态迁移示意图

参考文献

[1] Horowitz, R. , Varaiya, P.. Control design of an automated highway system[J]. Proceedings of the IEEE, 2000, 88(7): 913-925.

[2] Nobe, S. A. , Wang, F. Y.. An overview of recent developments in automated lateral and longitudinal vehicle controls[C] . IEEE International Conference on Systems, Man, and Cybernetics, Tucson, Arizona, USA, Oct. 7.10, 2001:3447-3452.

[3] Kato, S. , Tsugawa, S. , Tokuda, K. , et al. Vehicle control algorithms for cooperative driving with automated vehicles and intervehicle communications[J] . IEEE Transactions on Intelligent Transportation Systems, 2002, 3(3): 155-161.

[4] Joo, S. , Lu, X. Y. , Hedrick, J. K.. Longitudinal maneuver design in coordination layer for automated highway system[C] . Proceedings of the American Control Conference, Denver, USA, Jun.4.6, 2003: 42-47.

[5] Tsugawa, S. , Kato, S. , Matsui, T. , et al. An architecture for cooperative driving of automated vehicles[C] . IEEE International Conference on Intelligent Transportation Systems, Dearborn (MI), USA, Oct. 1.3, 2000: 422-427.

[6] Hallé, S, Chaib. draa, B.. A collaborative driving system based on multi. agent modelling and simulations[J] . Transportation Research Part C: Emerging Technologies, 2005, 13 (4): 320-345.

[7] Girard, A. R. , de Sousa, J. B. , Misener, J. A. , et al. A control architecture for integrated cooperative cruise control and collision warning systems[C] . 40th IEEE International Conference on Decision and Control, Orlando, USA, Dec. 4.7, 2001: 1491-1496.

[8] Baskar, L. D. , De Schutter, B. , Hellendoorn, H.. Hierarchical traffic control and management with intelligent vehicles[C] . Proceedings of IEEE Intelligent Vehicles Symposium, Istanbul, Turkey, Jun.13.15, 2007: 834-839.

[9] Alvarez, L. , Horowitz, R.. Hybrid controller design for safe maneuvering in the PATH AHS Architecture[C] . Proceedings of the American Control Conference, Albuquerque, USA, Jun.4.6, 1997: 2454-2459.

[10] Lygeros, J. , Godbole, D. N. , Sastry, S.. Verified hybrid controllers for automated vehicles[J] . IEEE Transactions on Automatic Control, 1998, 43(4): 522-539.

[11] Li, P. Y. , Horowitz, R. , Alvareza, et al. An Automated Highway System link layer controller for traffic flow stabilization[J] . Transportation Research Part C: Emerging Technologies, 1997, 5(1): 11-37.

[12] Halle, S. , Laumonier, J. , Chaib. Draa, B.. A decentralized approach to collaborative

driving coordination[C]. IEEE International Conference on Intelligent Transportation Systems, Washington, D. C., USA, Oct. 3.6, 2004: 453-458.

[13] Michaud, F., Lepage, P., Frenette, P., et al. Coordinated Maneuvering of Automated Vehicles in Platoons[J]. IEEE Transactions on Intelligent Transportation Systems, 2006, 7(4): 437-447.

[14] Sakaguchi, T., Uno, A., Kato, S., Tsugawa, S.. Cooperative driving of automated vehicles with inter. vehicle communications[C]. Proceedings of IEEE Intelligent Vehicles Symposium, Dearborn (MI), USA, Oct. 3.5, 2000: 516-521.

[15] 常促宇,向勇,史美林. 车载自组网的现状与发展[J]. 通信学报, 2007, 28(17): 116-126.

[16] Caveney, D.. Cooperative Vehicular Safety Applications[J]. IEEE Control Systems, 2010, 30(4): 38-53.

[17] Ohyama, T., Nakabayashi, S., Shiraki, Y., et al. A study of real. time and autonomous decentralized DSRC system for inter. vehicle communications[C]. IEEE International Conference on Intelligent Transportation Systems, Dearborn (MI), USA, Oct. 1.3, 2000: 190-195.

[18] Lin, C., Henty, B. E., Stancil, D. D., et al. Mobile Vehicle. to. Vehicle Narrow. Band Channel Measurement and Characterization of the 5.9 GHz Dedicated Short Range Communication (DSRC) Frequency Band[J]. IEEE Journal on Selected Areas in Communications, 2007, 25(8): 1501-1516.

[19] Tsugawa, S.. Inter. vehicle communications and their applications to intelligent vehicles: An overview[C]. Proceedings of IEEE Intelligent Vehicles Symposium, Versailles, France, Jun. 17.21, 2002: 564-569.

[20] Tatchikou, R., Biswas, S., Dion, F.. Cooperative vehicle collision avoidance using inter. vehicle packet forwarding[C]. Proceedings of IEEE Global Telecommunications Conference, St. Louis, USA, Dec. 2, 2005: 2762-2766.

[21] Wolterink, W. K., Heijenk, G., Karagiannis, G.. Constrained geocast to support Cooperative Adaptive Cruise Control(CACC) merging[C]. Proceedings of Vehicular Networking Conference, Dec. 13-15, 2010: 41-48.

[22] Fujimura, K., Hasegawa, T.. A collaborative MAC protocol for inter. vehicle and road to vehicle communications[C]. IEEE International Conference on Intelligent Transportation Systems, Washington, D. C., USA, Oct. 3.6, 2004: 816-821.

[23] Yang, X., Liu, L., Vaidya, N. H., et al. A vehicle-to-vehicle communication protocol for cooperative collision warning[C]. 1st Annual International Conference on Mobile and Ubiquitous Systems: Networking and Services, Aug. 22-26, 2004: 114-123.

[24] Huang, C. L., Fallah, Y. P., Sengupta, R., Krishnan, H.. Adaptive intervehicle communication control for cooperative safety systems[J]. IEEE Network, 2010, 24(1):6-13.

[25] He, J. H., Chen, H. H., Chen, T. M., et al. Adaptive congestion control for DSRC vehi-

cle networks[J]. IEEE Communications Letters, 2010, 14 (2): 6-13.

[26] Grau, G. P., Pusceddu, D., Rea, S., et al. Vehicle. to. vehicle communication channel evaluation using the CVIS platform[C]. 7th International Symposium on Communication Systems Networks and Digital Signal Processing, Newcastle upon Tyne, UK, Jul. 21. 23, 2010: 449-453.

[27] Fernandes, P., Nunes, U.. Platooning of autonomous vehicles with intervehicle communications in SUMO traffic simulator[C]. 13th IEEE International Conference on Intelligent Transportation Systems, Madeira Island, Portugal, Sep. 19-22, 2010: 1313-1318.

[28] Alvarez, L., Horowitz, R., Toy, C. V.. Multi. destination traffic flow control in automated highway systems[J]. Transportation Research Part C: Emerging Technologies, 2003, 11 (1): 1.28.

[29] Dao, T.. S., Clark, C. M., Huissoon, J. P.. Distributed platoon assignment and lane selection for traffic flow optimization[C]. Proceedings of IEEE Intelligent Vehicles Symposium, Eindhoven, Netherlands, June 4. 6, 2008: 739-744.

[30] Xavier, P., Pan, Y. J.. A practical PID. based scheme for the collaborative driving of automated vehicles[C]. Proceedings of Joint 48th IEEE Conference on Decision and Control and 28th Chinese Control Conference, Shanghai, P. R. China, Dec. 16. 18, 2009: 966-971.

[31] Khaisongkram, W., Hara, S.. Performance analysis of decentralized cooperative driving under non. symmetric bidirectional information architecture[C]. IEEE International Conference on Control Applications, Yokohama, Japan, Sept. 8. 10, 2010: 2035-2040.

[32] Deng, W. W., Lee, Y. H., Zhao, A.. Hardware-in-the-loop Simulation for Autonomous Driving[C]. 34th IEEE Annual Conference on Industrial Electronics, Nov. 10. 13, 2008: 1742-1747.

[33] Ma, Y. L., Yan, X. P., Wu, Q., et al. Research on Intelligent Vehicle Platoon Driving Simulation Experiment System under the Coordination between Vehicle and Highway[J]. Journal of Computers, 2010, 5(11): 1767-1774.

[34] VeHIL[EB/OL]. http://www.tno.nl/downloads/VeHILBrochure.pdf.

[35] Rajamani, R., Tan, H. S., Law, B. K., et al. Demonstration of integrated longitudinal and lateral control for the operation of automated vehicles in platoons [J]. IEEE Transactions on Control Systems Technology, 2000, 8(4): 695-708.

[36] Kato, S., Tsugawa, S., et al. Vehicle control algorithms for cooperative driving with automated vehicles and intervehicle communications[J]. IEEE Transactions on Intelligent Transportation Systems, 2002, 3(3): 155-161.

[37] Chan, E., Gilhead, P., Jelínek, P., et al. SARTRE Cooperative Control of Fully Automated Platoon Vehicles[C]. Proceedings of 19th ITS World Congress, Vienna, Austria, 2012: 1-9.

[38] 高延龄, 许洪国. 汽车运用工程[M]. 3 版. 北京:人民交通出版社,2004.

[39] 喻凡，林逸. 汽车系统动力学[M]. 北京:机械工业出版社,2005.

[40] 杨冬梅，张庆灵，姚波,等. 广义系统[M]. 北京:科学出版社,2004.

[41] 吴爱国,段广仁. 广义线性系统综述[J]. 哈尔滨工业大学学报,2007,39(5):682-690.

[42] Khatib,O.. Real-time obstacle avoidance for manipulators and mobile robots[J]. The international journal of robotics research, 1986, 5(1): 90-98.

[43] Volpe,R., Khosla,P.. Manipulator control with superquadric artificial potential functions: Theory and experiments[J]. IEEE Transactions on Systems, Man, and Cybernetics, 1990, 20(6): 1423-1436.

[44] Ren,J., McIsaac,K. A., Patel,R. V., et al. A potential field model using generalized sigmoid functions[J]. IEEE Transactions on Systems, Man, and Cybernetics, Part B (Cybernetics), 2007, 37(2): 477-484.

[45] Kim,J. O., Khosla,P. K.. Real-time obstacle avoidance using harmonic potential functions [J]. IEEE Transactions on Robotics and Automation, 1992, 8(3): 338-349.

[46] Milanés,V., Shladover,S. E., Spring,J., et al. Cooperative adaptive cruise control in real traffic situations[J]. IEEE Transactions on Intelligent Transportation Systems, 2014, 15 (1): 296-305.

[47] Milanés,V., Shladover,S. E.. Modeling cooperative and autonomous adaptive cruise control dynamic responses using experimental data[J]. Transportation Research Part C: Emerging Technologies, 2014, 48: 285-300.

[48] Amoozadeh,M., Deng,H., Chuah,C. N., et al. Platoon management with cooperative adaptive cruise control enabled by VANET[J]. Vehicular Communications, 2015, 2(2): 110-123.

[49] Rochefort,Y., Piet-Lahanier,H., Bertrand,S., et al. Model predictive control of cooperative vehicles using systematic search approach[J]. Control Engineering Practice, 2014, 32: 204-217.

[50] 马育林，徐友春，吴青. 车队协同驾驶混成控制研究现状与展望[J]. 汽车工程学报，2014，4(1):1-13.

[51] Swaroop,D., Hedrick,J. K., Chien,C. C., et al. A comparision of spacing and headway control laws for automatically controlled vehicles[J]. Vehicle System Dynamics, 1994, 23: 597-625.

[52] 李力行，金芝，李戈. 基于时间自动机的物联网服务建模和验证[J]. 计算机学报，2011，34: 1365-1377.

[53] Raza,H., Ioannou,P.. Vehicle following control design for automated highway systems [J]. IEEE Control Systems Magazine, 1996, 16: 43-60.

[54] 任殿波，张继业，张京明，等. 智能车辆弯路换道轨迹规划与横摆率跟踪控制[J]. 中国科学E辑: 技术科学，2011，41: 306-317.

[55] 吴卫国,陈辉堂,王月娟. 移动机器人的全局轨迹跟踪控制[J]. 自动化学报，2001，

27(3): 326-331.

[56] Wu, Q., He, Z. W., Chu, X. M., et al. An application of the adaptive fuzzy control in the longitudinal control of the platoon[C]. Pacific-Asia Workshop on Computational Intelligence and Industrial Application, Wuhan, China, Dec. 19-20, 2008: 344-348.

[57] 郭孔辉. 汽车操纵动力学[M]. 长春:吉林科技出版社, 2002.

[58] Kumarawadu, S., Tsu Tian Lee: Neuroadaptive Combined Lateral and Longitudinal Control of Highway Vehicles Using RBF Networks[J]. IEEE Transactions on Intelligent Transportation Systems, 2006, 7(4): 500-512.

[59] 刘金琨. 滑模变结构控制 MATLAB 仿真[M]. 北京:清华大学出版社, 2005.

[60] 杨浩,姜斌. 带有不稳定模态的非线性切换系统镇定方法综述[J]. 系统科学与数学, 2014, 34: 1451—1464.

[61] Hespanha, J. P., Morse, A. S.. Stability of switched systems with average dwell-time. Proceedings of the 38th IEEE Conference on Decision and Control[J]. Phoenix: IEEE, 1999, 3: 2655-2660.